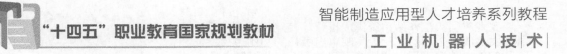

"十四五"职业教育国家规划教材

智能制造应用型人才培养系列教程

工业机器人技术

工业机器人

工作站系统集成设计

彭赛金 张红卫 林燕文 | 主编

陈南江 卢亚平 | 副主编

微课版

U0280133

人民邮电出版社

北京

图书在版编目（CIP）数据

工业机器人工作站系统集成设计 / 彭赛金，张红卫，
林燕文主编. -- 北京：人民邮电出版社，2018.9
智能制造应用型人才培养系列教程. 工业机器人技术
ISBN 978-7-115-48681-3

Ⅰ. ①工… Ⅱ. ①彭… ②张… ③林… Ⅲ. ①工业机
器人－工作站－系统集成技术－教材 Ⅳ. ①TP242.2

中国版本图书馆CIP数据核字(2018)第125614号

内 容 提 要

本书介绍了工业机器人系统集成的设计方法，包括走进机器人系统集成、机器人系统集成分析、机械系统模块设计、工件检测模块设计、控制系统模块设计以及工作站系统功能集成开发 6 个学习项目，每一项目都有各自的任务设计和相关知识介绍，并以配有视觉系统检测的工作站为案例进行具体分析；书末增加了一个拓展项目——焊接机器人系统集成设计实践，以巩固前 6 个项目的知识。

本书既可作为应用型本科的机器人工程、自动化、机械设计制造及其自动化、智能制造工程等专业，高职高专院校的工业机器人技术、电气自动化技术、机电一体化等专业的教材，也可作为工程技术人员的参考资料和培训用书。

◆ 主　　编　彭赛金　张红卫　林燕文
　　副 主 编　陈南江　卢亚平
　　责任编辑　王丽美
　　责任印制　马振武

◆ 人民邮电出版社出版发行　　北京市丰台区成寿寺路 11 号
　　邮编　100164　电子邮件　315@ptpress.com.cn
　　网址　http://www.ptpress.com.cn
　　北京虎彩文化传播有限公司印刷

◆ 开本：787×1092　1/16
　　印张：14　　　　　　　　　　2018 年 9 月第 1 版
　　字数：345 千字　　　　　　　2024 年 12 月北京第 12 次印刷

定价：52.00 元

读者服务热线：(010)81055256　印装质量热线：(010)81055316
反盗版热线：(010)81055315
广告经营许可证：京东市监广登字 20170147 号

序

  制造业是一个国家经济发展的基石，也是增强国家竞争力的基础。新一代信息技术、人工智能、新能源、新材料、生物技术等重要领域和前沿方向的革命性突破和交叉融合，正在引发新一轮产业变革——第四次工业革命，而智能制造便是引领第四次工业革命浪潮的核心动力。智能制造是基于新一代信息通信技术与先进制造技术的深度融合，贯穿于设计、生产、管理、服务等制造活动的各个环节，具有自感知、自学习、自决策、自执行、自适应等功能的新型生产方式。

  我国于 2015 年 5 月发布了《中国制造 2025》，部署全面推进制造强国战略，我国智能制造产业自此进入了一个飞速发展时期，社会对智能制造相关专业人才的需求也不断加大。目前，国内各本科院校、高职高专院校都在争相设立或准备设立与智能制造相关的专业，以适应地方产业发展对战略性新兴产业的人才需求。

  在本科教育领域，与智能制造专业群相关的机器人工程专业在 2016 年才在东南大学开设，智能制造工程专业更是到 2018 年才在同济大学、汕头大学等几所高校中开设。在高等职业教育领域，2014 年以前只有少数几个学校开设工业机器人技术专业，但到目前为止已有超过 500 所高职高专院校开设这一专业。人才的培养离不开教材，但目前针对工业机器人技术、机器人工程等专业的成体系教材还不多，已有教材也存在企业案例缺失等亟须解决的问题。由北京华晟智造科技有限公司和人民邮电出版社策划，校企联合编写的这套图书，犹如大旱中的甘露，可以有效解决工业机器人技术、机器人工程等与智能制造相关专业教材紧缺的问题。

  理实一体化教学是在一定的理论指导下，引导学习者通过实践活动巩固理论知识、形成技能、提高综合素质的教学过程。目前，高校教学体系过多地偏向理论教学，课程设置与企业实际应用契合度不高，学生无法把理论知识转化为实践应用技能。本套图书的第一大特点就是注重学生的实践能力培养，以企业真实需求为导向，学生学习技能紧紧围绕企业实际应用需求，将学生需掌握的理论知识，通过企业案例的形式进行衔接，达到知行合一、以用促学的目的。

  智能制造专业群应以工业机器人为核心，按照智能制造工程领域闭环的流程进行教学，才能够使学生从宏观上理解工业机器人技术在行业中的具体应用场景及应用方法。高校现有的智能制造课程集中在如何进行结构设计、工艺分析，使得装备的设计更为合理。但是，完整的机器人应用工程却是一个容易被忽视的部分。本套图书的第二大特点就是聚焦了感知、控制、决策、执行等核心关键环节，依托重点领域智能工厂、数字化车间的建设以及传统制造业智能转型，突破高档数控机床与工业机器人、增材制造装备、智能传感与控制装备、智能检测与装配装备、智能物流与仓储装备五类关键技术装备，覆盖完整工程流程，涵盖企业智能制造领域工程中的各个环节，符合企业智能工厂真实场景。

  我很高兴看到这套书的出版，也希望这套书能给更多的高校师生带来教学上的便利，帮助读者尽快掌握智能制造大背景下的工业机器人相关技术，成为智能制造领域中紧缺的应用型、复合型和创新型人才！

上海发那科机器人有限公司   总经理

SHANGHAI-FANUC Robotics CO.,LTD.   General Manager

前　言

一、起因

工业机器人是机电一体化生产装置，靠电力驱动，是由计算机控制伺服系统来实现如运动、定位、逻辑判断等功能的机器，并可以自动执行工作。随着工业机器人技术的发展及其应用的不断扩大，我国已经成为全球第二大工业机器人应用市场。工业机器人的应用对于助推我国制造业转型升级，提高产业核心竞争力功不可没。但与之形成鲜明对比的是，工业机器人相关专业的人才培养却落后于市场的发展。我国教育界在意识到这种情况后，已开始大力加强相关专业的建设。

工业机器人应用的关键问题在于其系统集成。工业机器人，特别是六自由度全电控示教再现型工业机器人发展至今，无论是其基础理论研究，还是驱动、控制等关键技术，均已相当成熟。但现代工业机器人本身仅仅是运动机构，并无具体执行机构，仅靠工业机器人本身是无法完成当代工业生产任务的。必须在工业机器人上加装具体执行机构，也就是末端执行器等，并配合外部控制设备，进行系统集成后才可以完成生产任务。但工业机器人系统集成的已有案例几乎都是针对工业机器人应用企业的，也就是对其实际应用进行系统集成，针对院校教学需求的系统集成案例几乎为零。院校教学虽然要求其设备尽量贴近甚至还原工业实际生产环节，但毕竟并非实际生产，故而在进行系统集成时，教学与实际生产之间又有相当大的区别。

本书结合时下环境，对工业机器人系统集成的设计方法和基础知识进行梳理，在内容上从一个完整的系统出发开展教学，由面到点、由系统到元件，在教学过程中逐步将系统划分为元件个体，再通过基于产品生命周期的有机结合、重构，最后再回到系统学习中来。以学生学习为中心，注重系统整体思维，通过对系统的宏观探究、微观解构、再重构的方式，引导学生完成知识输入和技能输出。本书在内容选取上力争覆盖工业机器人系统集成设计方面的大部分知识点。同时，为了使读者能更好地掌握相关知识，本书以搬运工作站的设计为例，贯穿全书，读者可以通过具体的案例掌握系统集成的设计方法。

二、本书结构

本书根据当前院校教学需要精心安排，全书共分为4篇，7个项目，结构如下所示。

随着产教融合建设的推进，智能制造应用型人才培养系列教材按照"一体化设计、结构化课程、颗粒化资源"的逻辑建设理念开发。编者系统地规划了本书的结构体系，主要包括"项目引入""知识图谱""任务""项目总结（技能图谱）"及"拓展训练"。

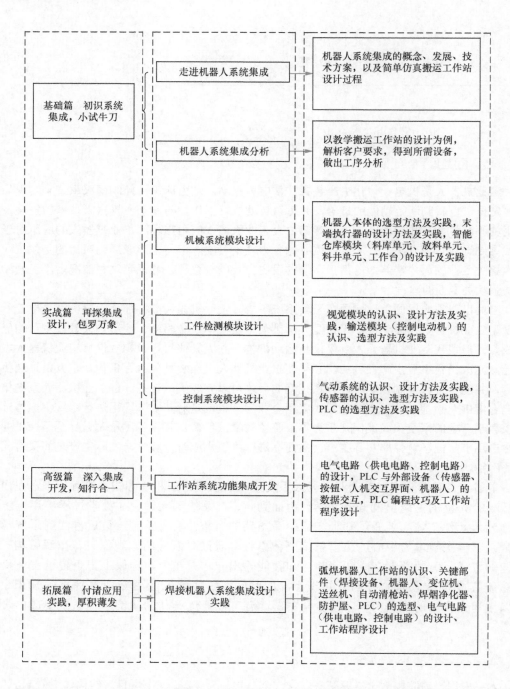

  "项目引入"采用情景剧式的方法引入项目学习场景，模拟一个完整的项目团队，让教材内容更接近行业、企业和生产实际。本书中团队的主要人物有 Philip、Jack 和 Anne，其中 Philip 是机电工程师，Jack 是项目经理，同时也是 Anne 的师傅，Anne 也就是书中的"我"，刚刚入职，担任机电工程师助理一职。

  "知识图谱"和"项目总结"强调知识输入，经过任务的解决，再到技能输出，采用"两点""两图"的方式梳理知识和技能，清晰描绘出该项目覆盖的和需要的知识点。在项目最后，总结出经过任务训练后能获得的技能图谱。

"任务"以完成任务为驱动，在做中学，在学中做，分为"任务描述""任务学习"以及"思考与练习"，使学生在完成工作任务的过程中学习相关知识。

"拓展训练"为一个典型的工作站系统集成设计案例，学生通过分组、调研、自主学习完成，从而巩固本项目的知识与技能，并增强学生的自主学习能力。

三、内容特点

1. 本书贯彻落实党的二十大精神。本书遵循"任务驱动、项目导向"，以系统集成设计的流程为主线，设置一系列学习任务，并嵌入配有视觉系统检测的搬运工作站设计案例，便于教师采用项目教学法引导学生学习，改变理论与实践相脱离的传统教材组织方式，让学生一边学习理论知识，一边操作实训，加强感性认识，使学生在完成工作任务的过程中学习相关知识，达到事半功倍的效果。

2. 每个项目结尾用典型的工作站系统集成设计案例作为"拓展训练"样本，学生可组队开展自主学习，进一步掌握、建构和内化本项目所需知识与技能，强化学生的自我学习能力。

3. 各任务均设有"思考与练习"，方便学生复习和巩固所学知识。

四、配套的数字化教学资源

本书得益于现代信息技术的飞速发展，在使用双色印刷的同时，配备了大量的教学微课、高清图片等一体化学习资源，并全书配套提供用于学习指导的课件、工作页等资源，以及用于对学生进行测验的单元测评、题库和习题详解等详尽资料。

读者可在学习过程中登录本书配套的数字化课程网站（北京华晟智造科技有限公司"智造课堂"）获取数字化学习资源，对于微课等可直接观看的学习资源，可以通过手机扫描书中的二维码链接观看。

五、教学建议

教师可以通过本书和课程网站上丰富的资源完善自己的教学过程，学生也能通过本书及其配套资源进行自主学习和测验。一般情况下，教师可用 64 学时进行本书的讲解。不同学校根据自身具有的设备可在课外安排一些参观认知的教学内容。具体学时分配建议见下表。

序号	内容	分配建议/学时	
		理论	实践
1	项目一　走进机器人系统集成	2	2
2	项目二　机器人系统集成分析	2	—
3	项目三　机械系统模块设计	6	4
4	项目四　工件检测模块设计	6	4
5	项目五　控制系统模块设计	8	4
6	项目六　工作站系统功能集成开发	4	6
7	项目七　焊接机器人系统集成设计实践	8	8
	合计	36	28

六、致谢

本书由北京航空航天大学彭赛金、武汉软件工程职业学院张红卫、北京华晟智造科技有限公司林燕文任主编，北京华晟智造科技有限公司陈南江和苏州大学应用技术学院卢亚平任副主编。参加本书编写的还有北京华晟智造科技有限公司宋美娴、殷开明等。在本书的编写过程中，上海发那科机器人有限公司、上海 ABB 工程有限公司、北京航空航天大学等企业和院校提供了许多宝贵的意见和建议，在此郑重致谢。

由于编者水平有限，书中难免存在不足之处，恳请广大读者批评指正。

编者

2023 年 4 月

目　录

教材系列项目设计

Wendy：诸位，我们现在接到了新的项目，负责工业机器人系统集成的设计。今天我们会议的目的是了解系统集成的设计流程。Amy，你对系统集成都有哪些了解？

Amy：我知道！机器人在实际应用中针对客户现场的集成开发，如上下料集成应用、码垛集成应用、喷涂集成应用、焊接集成应用、搬运集成应用、装配集成应用、涂胶集成应用、抛光集成应用、打磨集成应用及其他工业机器人集成应用等，一个完整的系统调试开发过程，就是机器人的系统集成。

……

Wendy：看来大家对系统集成都很了解啊，Jack，你觉得我们应该如何着手开发？

Jack：首先，需先了解系统集成是什么；其次，设计系统中的各个模块；再之，设计各模块的供电电路、控制电路，以及各模块间的通信；最后，设计系统程序。

Wendy：嗯，可以以研发中心的搬运工作站为例，进行本次项目的开发。Jack，你来负责这个项目的开发。

我叫 Anne，刚刚大学毕业，在一家公司担任机电工程师的职位，主要负责机器人相关项目的开发工作。

刚入公司，我便随着我的师傅 Jack 学习。听师傅讲，我们刚刚接到了新的项目，工业机器人系统集成设计。刚听到这个词的时候我是一头雾水，有点担心自己做不好，但是想到我能通过参与这个项目，学到新的知识，又感觉很开心。

基础篇

初识系统集成
小试牛刀

项目一
走进机器人系统集成

项目引入

　　师傅负责这次新项目——工业机器人系统集成设计的研发，我也想参与其中，学到新的知识，但工业机器人系统集成是什么呢？我带着疑问去请教师傅 Jack。

　　Jack 耐心地讲解："机器人系统集成是以机器人为核心，多种自动化设备提供辅助功能的自动化系统。该系统的主要功能是实现生产线的自动化生产加工，提高产品质量和生产能力。"

　　Jack 见我听不懂，又补充道："只有机器人本体是不能完成任何工作的，需要加入其他设备之后才能为终端客户所用。"

　　Jack 见我依然听得眉头紧锁，就说："咱们研发中心的那台搬运工作站就是一个小型的工业机器人系统集成，有时间可以去研发中心找 Philip 了解一下。"

　　我当时将师傅的话一一记了下来，并通过在研发中心的实践，终于掌握了工业机器人系统集成的概念，并在此基础上，通过学习搬运工作站的设计了解了机器人系统集成设计的方法。

知识图谱

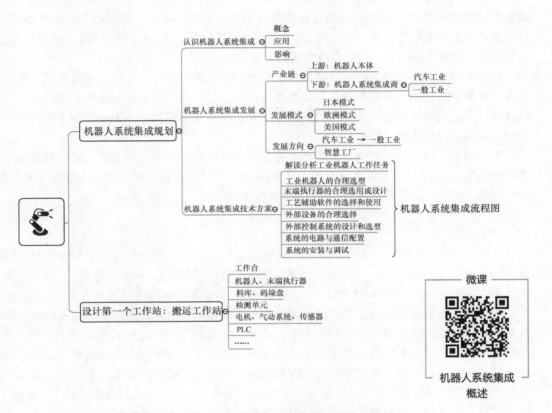

任务一　机器人系统集成规划

【任务描述】

听完师傅的话，我便来到了研发中心，去请教 Philip。

Philip 说道："在学习搬运工作站的设计之前，你得先了解什么是机器人系统集成，它的发展是怎样的，以及机器人系统集成的技术方案又是如何规划的，这会增进你对机器人系统集成的认识，也能让你在之后的系统集成设计中有的放矢，事半功倍。"

【任务学习】

一、认识机器人系统集成

工业机器人系统集成是一种集硬件与软件于一体的新型自动化设备。硬件涉及机械部分与电气部分，如机器人本体、可编程逻辑控制器（PLC）、机器人控制器、传感器以及周边设备等。软件则是工业机器人系统集成的"灵魂"，它能够实现机器人末端执行器的运动和动作。

工业机器人集成的自动化设备，可以部分替代传统自动化设备。当工厂的产品需要更新换代或变更时，只需重新编写机器人系统的程序，便能快速适应变化，而且不需要重新调整生产线，大大降低了投资成本。

工业机器人系统集成也可替代人工进行多种操作，工艺可靠，而且速度提升明显。随着我国经济的快速发展，对制造的速度和质量有了越来越高的要求，但我国人口红利的消失，使制造业的发展面临越来越多的阻碍，同时国家提出了《中国制造2025》智能制造的发展规划，工业机器人系统集成的应用将会呈现井喷的态势。

机器人系统集成应用广泛，从传统行业到新兴行业都有应用。在汽车制造领域，工业机器人系统集成主要对汽车的车身进行焊接作业，也会进行汽车发动机的装配工作；在仓储管理领域，工业机器人系统集成进行物品的搬运和码垛；在电子领域，工业机器人系统集成用于电子元器件的分拣和堆放等。

工业机器人的应用对社会的发展产生的影响是深远的，它的发展会进一步提高劳动生产力，由机器人代替人完成很多的工作，从而造成一些人下岗和失业，但是随着科技的发展，对于机器人的使用却需要更多的人来完成，因为机器人是由人类发明的。

二、机器人系统集成发展

在工业机器人系统集成中，机器人本体是系统集成的中心，它的性能决定了系统集成的水平。我国的机器人研发起步较晚，与国外的机器人性能水平有较大差距，因此目前的系统集成仍然以国际品牌为核心；但在我国科技工作者的不懈努力下，国产特种机器人研发水平后起之势明显。

工业机器人系统集成的主要目的是使机器人实现自动化生产过程，从而提高效率，解放生产力。从产业链的角度看，机器人本体（单元）是机器人产业发展的基础，处于产业链的上游，而工业机器人系统集成商则处于机器人产业链的下游应用端，为终端客户提供应用解决方案，负责工业机器人应用的二次开发和周边自动化配套设备的集成，是工业机器人自动化应用的重要组成部分。机器人下游终端产业可以大致分为汽车工业行业和一般工业行业。

汽车工业是技术密集型产业。在长期使用机器人的过程中，各汽车厂商形成了自己的规则和标准，对工业机器人系统集成的技术要求高且要契合车厂特有的标准，对于系统集成厂商来说，形成了较高的准入门槛。多数国内集成商主要还是做一些分包或者不太重要的项目，少数已经入围的系统集成商获得了先发优势。

一般工业按照应用可分为焊接、机床上下料、物料搬运码垛、打磨、喷涂、装配等。以喷涂应用为例，喷涂作业本身的作业环境恶劣，对喷漆工人技术熟练程度的要求比较高，导致喷涂的从业人员数量少。喷涂机器人以其重复精度高、工作效率高等优点使这一问题得到解决。喷涂机器人在喷涂领域的应用越来越广，从最开始的汽车整车车身制造，应用拓展到汽车仪表、电子电器、搪瓷等领域。

目前，在世界范围内的机器人产业化过程中，有3种发展模式，即日本模式、欧洲模式、美国模式。

在日本，机器人制造厂商以开发新型机器人和批量优质产品为主要目标，并由其子公司或社会上的工程公司设计制造各行业需要的机器人成套系统，完成交钥匙工程。欧洲是机器人制造商不仅要生产机器人，还要为用户设计开发机器人系统。美国则是采购与成套设计相结合。

中国和美国类似，也是主要集中在机器人系统集成领域，中国机器人市场起点低、潜力大，随着本土技术的不断崛起，中国机器人产业化的模式逐渐从低端化向高端化转变，从纯集成方向向行业分工的方向转变。在国内，基本上不生产普通的工业机器人，企业需要时由工程公司进口，再自行设计并制造配套的外围设备，完成交钥匙工程。在现阶段，随着机器人产业的整合，机器人等专用设备和电气元件等的价格逐年下降，国内企业凭借性价比和服务优势逐渐替代进口，市场份额逐步上升。

工业机器人系统集成应用正逐渐由汽车工业向一般工业延伸，一般工业中应用市场的热点和突破点主要集中在3C电子（即计算机、通信和消费类电子产品）、金属、食品饮料及其他细分市场。除此之外，系统标准化的程度也将持续提高，这将有利于系统集成企业形成规模。系统集成的标准化不只是机器人本体的标准化，同时也是工艺的标准化。

工业机器人系统集成的未来向智慧工厂或数字化工厂方向发展，智慧工厂是现代工厂信息化发展的一个新阶段。智慧工厂的核心是数字化和信息化，它们将贯穿于生产的各个环节，降低从设计到生产制造之间的不确定性，从而缩短产品设计到生产的转换时间，并且提高产品的可靠性与成功率。

三、机器人系统集成技术方案

根据工业机器人应用及其系统集成定义，结合文献、资料及案例的分析研究后，可以将确定机器人系统集成技术方案的步骤与方法总结如下。

1. 解读分析工业机器人工作任务

工业机器人的工作任务是整个系统集成设计的核心问题和要求，所有的设计都必须围绕工作任务来完成。它决定了工业机器人本体的选型、工艺辅助软件的选用、末端执行器的选用或设计、外部设备的配合以及外部控制系统的设计。所以，必须准确、清晰地解读分析工业机器人的工作任务，否则将使系统集成设计达不到预期的效果，甚至完全错误。

2. 工业机器人的合理选型

工业机器人是应用系统的核心元件。由于不同品牌工业机器人的技术特点、擅长领域各不相同，所以首先根据工作任务的工艺要求，初步选定工业机器人的品牌；其次根据工作任务、操作对象以及工作环境等因素决定所需工业机器人的负载、最大运动范围、防护等级等性能指标，确定工业机器人的型号；之后再详细考虑如系统先进性、配套工艺软件、I/O接口、总线通信方式、外部设备配合等问题。在满足工作任务要求的前提下，尽量选用控制系统更先进、I/O接口更多、有配套工艺软件的工业机器人品牌和型号，以利于使系统具有一定的冗余性和扩充性。同时，成本也是选型时必须考虑的问题。综上所述，最终选定工业机器人的品牌和型号。

3. 末端执行器的合理选用或设计

末端执行器是工业机器人进行工艺加工操作的执行元件，没有末端执行器，工业机器人就仅仅是一台运动定位设备。选用或设计末端执行器的根本依据是工作任务。工业机器人需要进行何种操作，是焊接操作，或是搬运码垛操作，抑或是打磨抛光操作等，是否需要配备变位机、移动滑台等，以及操作需要达到的工艺水准，加工对象的情况，都是需要综合考虑的。只有正确、合理地选用或设计末端执行器，让它们与工业机器人配合起来，才能使工业机器人发挥出其应有的功效，更好地完成加工工艺。

4. 工艺辅助软件的选择和使用

当工业机器人应用系统涉及复杂工艺操作时，辅助技术人员用工艺辅助软件进行机器人工作路径规划、工艺参数管理和点位示教等操作，一般会与三维建模软件同时使用。功能强大的工艺辅助软件还可以进行如生产数据管理、工艺编制、生产资源管理和工具选择等操作，甚至可以直接输出工业机器人运动程序。工业机器人的品牌不同，其核心控制器件也不同，从而导致了某些工业机器人生产供应商针对不同加工工艺，能提供配套的工艺软件，提升工艺水准，而另一些则没有相应的工艺软件。综合考虑工作任务和选定的工业机器人品牌，确定是否选用工艺软件，以及选用何种工艺软件。

5. 外部设备的合理选择

机器人本体是系统中动作的执行者，在执行动作时，需要其他的自动化设备提供辅助功能。例如，气动元件实现机器人末端执行机构的开合动作；传送带将物料传送到相应的工位；视觉系统和颜色传感器分别识别工件的形状和颜色。应根据工作任务合理选择所需的外部设备。

6. 外部控制系统的设计和选型

根据前面步骤选定的工业机器人型号、末端执行器、外部设备，综合考虑工作任务后，初步选定外部控制系统的核心控制器件。在一般情况下，都选用可编程控制器（PLC）作为外围控制系统的核心控制器件，但是在某些特殊的加工工艺中，例如在工艺过程连续、对时间要求非常精确的情况下，需要考虑 PLC 的 I/O 延迟是否会对加工工艺造成不良影响，否则必须选用其他控制器件，如嵌入式系统等。应尽量考虑在工业机器人以及各外部控制设备之间采用工业现场总线的通信方式，以减少安装施工工作量与周期，提高系统可靠性，降低后期维护维修成本。同时，安全问题在外部控制系统中也是非常重要的，在某些情况下甚至是首要考虑的因素。安全问题包括设备安全和人身安全，保护设备安全的器件有防碰撞传感器等，保护人身安全的设备有安全光幕等，都是外部控制系统必需的设备。

综合考虑以上因素，在整个系统集成的设计与选型过程中，在充分考虑系统的先进性、安全性、可靠性、兼容性和扩充性的基础上，尽可能采用成熟的器件与设计思路。

7. 系统的电路与通信配置

选定所有硬件之后，还需给系统安装电路，为系统供电并控制元器件动作，以及选用合适的通信方式实现元器件之间的数据传输。硬件之间的数据传送是通过通信完成的，不同规模的系统集成，使用的通信方式也是不相同的。例如，大规模系统集成的通信一般都需要现场总线的通信协议，如 Profibus、Modbus、Profinet、CANopen、DeviceNet 等，而小型单台工作站的数据通信除了可以使用以上几种通信方式外，还可以使用其他多种通信方式，如西门子的 PPI、MPI，以及 Ethernet 等协议。

8. 系统的安装与调试

前述所有步骤均完成后，就可以进入系统安装、调试阶段。在工业机器人应用系统的安装阶段，需严格遵守施工规范，保证施工质量。调试时应尽量考虑各种使用情况，尽可能提早发现问题并反馈。不论是安装还是调试，安全问题都是重中之重，必须时刻牢记安全操作规程。

综上所述，机器人系统集成的设计步骤可总结为根据客户要求确定设备的功能，设计方案，进行技术设计，包括关键零部件的选型以及设备原理图的设计和绘制，最后加工和试制设备，以及进行系统的编程调试，当设备达到预定功能后进行交付和量产，如图 1-1 所示。

【思考与练习】

1. 机器人系统集成的主要部分包括_____、_____、_____等。其中_____是系统集成的基础，_____是系统中动作的执行者。

2. 简述机器人系统集成的设计步骤。

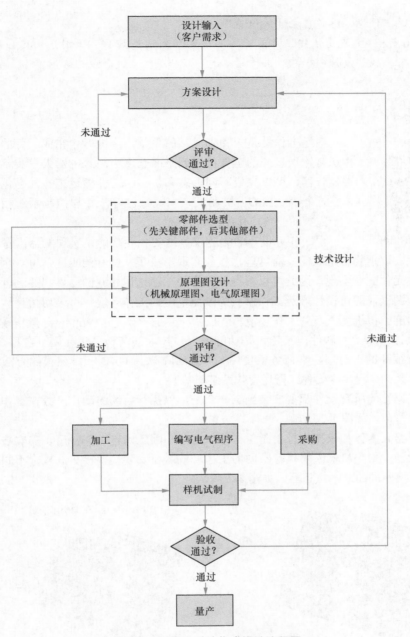

图 1-1 机器人系统集成设计流程图

任务二 设计第一个工作站：搬运工作站

【任务描述】

在上个任务中，我对机器人系统集成有了初步的认识。

Philip 带我参观了搬运工作站。"搬运工作站这么复杂，是怎样设计的呢？"我看着眼前的搬运工作站，感觉自己的认识还不够。

    Philip 说："主要是依据工作站所要实现的功能来设计的，你刚开始接触系统集成，可先运用仿真软件设计一个搬运工作站，进一步加深对系统集成的认识。"

    我回答道："好的。"

【任务学习】

微课

搬运工作站的仿真

    搬运工作站是一种集成化的系统，由机器人完成工件的搬运，即将传送带输送过来的工件搬运到平面仓库中，给机器人安装不同类型的末端执行器，可以完成不同形态和状态的工件搬运工作。它包括机器人本体、控制器、PLC、机器人末端执行器等，并与控制系统相连接，形成一个完整的、集成化的搬运系统。

    本次任务设计的搬运工作站的主要功能是实现机器人搬运物料、检测物料颜色、识别物料形状等，对这些功能的实现形成了一整套的工序，每一个工序都需要一种或多种元件配合实现，因此可以根据要完成的工序选用相应的硬件，并进行电气电路连接以及编程调试，即可设计搬运工作站。为避免危险的工作环境，可采用仿真软件设计搬运工作站，构造虚拟机器人及其工作环境。SolidWorks 是一款基于 Windows 操作系统的三维计算机辅助设计（CAD）软件，其特点是功能强大、技术创新和易学易用，在目前的 CAD 软件市场上有很高的占有率，本任务就使用 SolidWorks 软件 CAD 三维建模的方法进行搬运工作站的仿真设计（提供源文件：搬运工作站装配体）。

    由于工作站的所有元件都要安装到工作台上，以执行后续的动作，故在工作站设计之初应先确定工作台，如图 1-2 所示。

    由于机器人本体和末端执行器是工作站的主体，因此确定工作台后，需安装机器人本体和末端执行器。如果机器人需执行不同的工作，就需要安装快换接头，执行不同工作时在快换接头处替换不同的末端执行器，如图 1-3 所示。

图 1-2 工作台

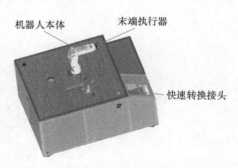

机器人本体　　末端执行器

快速转换接头

图 1-3 机器人和末端执行器的安装

    机器人抓取工件后需要将其存放到指定的仓库，即料库和码垛盘，如图 1-4 所示。

    机器人存放工件之前，还需检测工件是否合格，这就需要安装工件检测单元，以及显示检测结果的显示屏，如图 1-5 所示。对于不合格的工件需剔除，因此还需有废料剔除及废料暂存单元。

    以上的动作需要在动力元件的控制和传感器的监测下执行，即需安装动力元件，以及在需检测位置安装相应的传感器，如图 1-6 所示。图 1-6 中的动力元件为电机和气动系统。

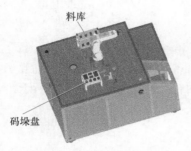

图 1-4　料库和码垛盘的安装

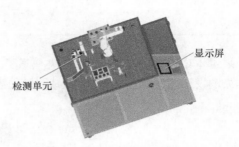

图 1-5　工件检测单元的安装

为了保证工作站的安全，一般都会设置启动、停止、急停、复位等按钮，以及相应的指示灯，显示工作状态，如图 1-7 所示。

图 1-6　气动系统和传感器的安装

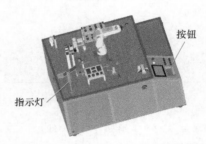

图 1-7　按钮和指示灯的安装

工作站中所有的动作和功能都是由 PLC 统一协调的，因此还需安装 PLC 以及控制 PLC 的触摸屏，如图 1-8 所示。

为实现机器人的绘画工作，可在工作站安装画板，并在快换接头处添加画笔工具，如图 1-9 所示。

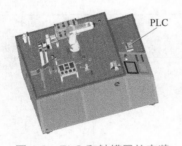

图 1-8　PLC 和触摸屏的安装

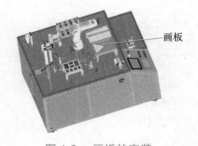

图 1-9　画板的安装

通过以上步骤，完成了工作站硬件的安装，而动作的有序执行还需连接控制电路，并对 PLC 和机器人进行编程，进而完成工作站的整体设计过程。

给系统通电后，将程序传送给 PLC 和机器人，即可调试工作站。

〖思考与练习〗

简述搬运工作站的仿真步骤，并练习。

项目总结

通过本项目的学习，我们接触并熟悉了工业机器人系统集成，并在此基础上仿真了搬运工作站的设计过程，迈出了系统集成设计的第一步。项目一的技能图谱如图1-10所示。

图 1-10 项目一的技能图谱

拓展训练

项目名称：工作站仿真。

设计要求：在工厂的生产流水线中，存在多种机器人系统集成工作站，用于搬运、码垛、焊接、喷涂等，试选用一种工作站，了解其工作任务，对其进行设计并运用相应的软件进行系统仿真。

格式要求：以 PPT 形式展示。

考核方式：采用分组选题的方式（每组 2 ～ 3 人），进行课内展示，时间要求 5 ～ 10min。

评估标准：工作站仿真拓展训练评估表见表 1-1。

表 1-1　　　　　　　　　　　　　　　　拓展训练评估表

项目名称：工作站仿真	项目承接人：	日期：
项目要求	**评分标准**	**得分情况**
总体要求（100分） ① 通过调研选用一个工作站，简述其工作流程； ② 对选用的工作站进行系统仿真，并展示这一过程		
评价人	**评价说明**	**备注**
教师：		

项目二
机器人系统集成分析

项目引入

通过对搬运工作站的仿真，我已经充分了解系统集成的概念，于是兴致勃勃地去找 Philip 请教接下来该怎么做。

Philip 对我能这么快就掌握系统集成的概念表示赞扬，并说道："可以开始此次工业机器人系统集成设计这一项目的具体学习了。"

"真的吗？"听到可以开始项目学习了，我很是兴奋。

"不过在设计具体的系统集成项目之前，你得做整体规划分析，这会引导之后的项目实施，避免浪费时间。"

听完 Philip 的话，我就着手开始我的系统集成分析了。

知识图谱

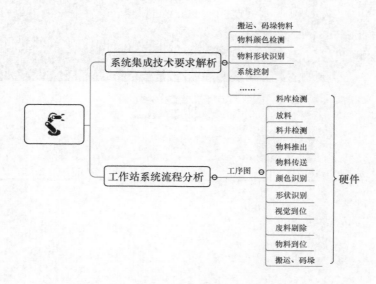

任务一 系统集成技术要求解析

【任务描述】

"系统集成技术分析从哪入手呢?"我还是有些茫然,带着这个疑问又去请教 Philip。

Philip 解释道:"系统集成需先解析客户的要求,以确定完成这些要求需要的设备。"

【任务学习】

本次任务的要求是设计一个教学用的搬运工作站,能实现机器人搬运物料、色标判别、视觉检测和码垛等教学功能,工作站所有的工作都是围绕物料进行的,因此首先需确定物料的形状、大小和材料。由于该工作站是一个教学型工作站,要实现颜色、形状的检测,故设计 3 种料块形状,分别为圆形、长方形和正方形,其尺寸如表 2-1 所示。颜色有浅色和深色两种色度,并选用 POM 作为加工材料,该材料具有高硬度、高刚性和高耐磨的特性。

微课

系统集成技术
要求解析

表 2-1 料块的尺寸

工件形状	长/mm	宽/mm	直径/mm	高/mm
圆形	—	—	45	45
长方形	60	30	—	20
正方形	35	35	—	35

由工作站的要求可知，需选用合适的机器人和末端执行器用来搬运和码垛工件，且需设计合适的检测系统，实现物料颜色的检测以及形状的识别，而整个系统单元又是由系统控制柜（PLC）统一集中控制的，因此还需设计电气电路、建立信号连接、编写 PLC 程序等。此外，机器人需从指定位置抓取工件，并码垛到指定位置，因此还需设计存放初始工件的料库以及码垛合格工件的码垛盘。通过以上的技术要求解析可得工作站的硬件组成如图 2-1 所示。

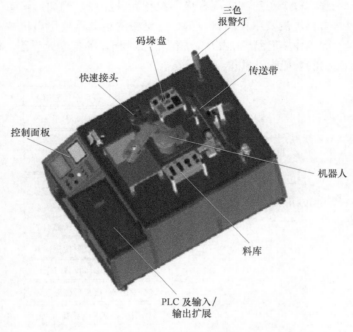

图 2-1　搬运工作站

[思考与练习]

搬运工作站的功能有哪些？并简述如何实现这些功能。

任务二　工作站系统流程分析

【 任务描述 】

"我已经对工作站的要求做了解析，这是我得到的要求解析结果。"我带着整理好的解析结果去找 Philip。

"嗯，不错。"Philip 表示赞扬，说："现在还需将这些设备动作按照一定的工作流程制作工序图，工作站通过这个工序能够完整地实现所要求的功能。"

【 任务学习 】

上一任务通过解析工作站的技术要求得到了工作站的硬件组成，进而可得知工作站的工作流程：当料库有料时，机器人从料库抓取料块并放到料井中，通知送料气缸推送料块，将料块推送到传送带上，电机转动，传送带带动料块依次经过颜色检测位置和形状识别位置，当料块检测不合格时，通知废料气缸剔除料块，当检测到合格物料到达传送带末端时，通知机器人搬运料块到放料单元，用于码垛或后续的流水线。搬运工作站的工序图如图 2-2 所示。

图 2-2 中的方框代表工序，框内的数字代表该工序在总工序中的位置。每个工序都需要相应的执行元件完成，例如，料库中各个仓位有无物料，需要用传感器检测，传送带的运动需要用电机控制等。将这些执行元件填充到图 2-2 中，得到图 2-3 所示的控制元件图，根据该图完成最初的功能设计并得到相应的电路。

微课
工作站系统流程分析

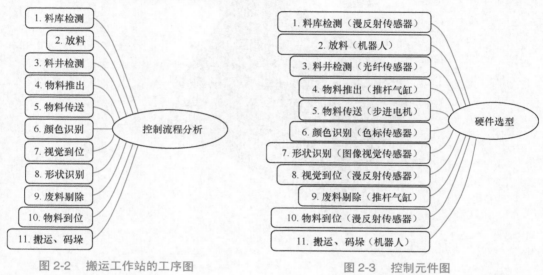

图 2-2　搬运工作站的工序图

图 2-3　控制元件图

〔思考与练习〕

简述搬运工作站的工序，并写出对应工序所需的硬件。

项目总结

本项目是进行机器人系统集成设计的关键，以搬运工作站为例，我们学习了机器人系统集成设计前的整体规划分析方法。项目二的技能图谱如图 2-4 所示。

图 2-4　项目二的技能图谱

拓展训练

项目简述：喷涂机器人需对 70 多种不同的工件，实现一致的、高质量的喷涂效果，集成视觉系统的机器人可以自动选择合适的机器人程序。如果没有对应的程序，机器人将调用一个通用的、安全的喷涂程序。这种弹性系统安装在 2 个可以独立操作的喷房里，根据需要，工人可以手动补漆。工件穿过整个喷房即完成了喷涂工艺。

项目关键点：（1）使手动喷涂 70 多种不同零件的喷漆过程实现连续自动化；（2）机器人系统集成的视觉系统；（3）提供灵活的系统：机器人在两个单独的油漆喷房可以独立操作，并允许工人手工补漆；（4）能实现优质的喷涂效果，减少油漆的使用量和相关成本。

设计要求：分析项目需要的模块，并做要求分析，绘制工作站自动运行工序图。

格式要求：以 PPT 形式展示。

考核方式：分组选题（每组 2 ～ 3 人），并于课内讲解 PPT，时间要求 10 ～ 15min。

评估标准：拓展训练的评估表见表 2-2。

表 2-2　　　　　　　　　　　　　　　拓展训练评估表

项目名称：对 70 多种钣金件实现 连续喷涂	项目承接人：	日期：
项目要求	**评分标准**	**得分情况**
总体要求（100 分） ① 画出项目的工序图； ② 清楚表述项目需选用的模块； ③ 说明喷涂 70 多种不同工件的连续自动化喷漆过程		
评价人	**评价说明**	**备注**
教师：		

实战篇

再探集成设计
包罗万象

项目三
机械系统模块设计

项目引入

经过一段时间的项目学习，我已经了解机器人系统集成及其流程规划方法，便向 Philip 询问接下来的工作。

Philip："接下来该进行具体的设计工作了。"

我："该从哪开始设计呢？"

Philip："系统集成的设计首先需设计所需的机械结构，才能进行后续的工作。"

我："机械结构是完成工作站机械运动的模块吗？"

Philip："嗯，是的。工作站中的机械结构主要有机器人本体、末端执行器以及智能仓库模块。"

我："好的，我知道了。"

知识图谱

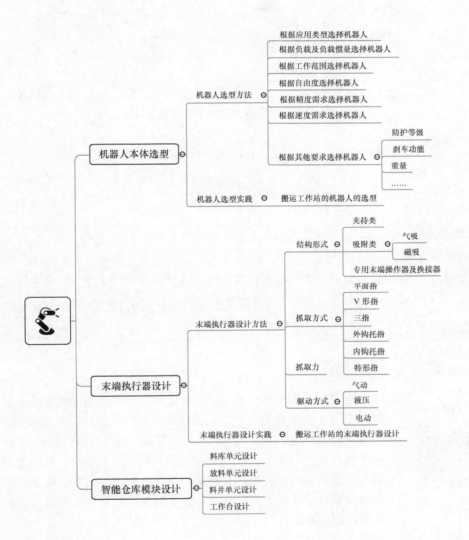

通过项目二对搬运工作站的分析得知，机械结构主要有机器人本体、末端执行器以及智能仓库模块，前两者组成了机器人执行模块，是系统功能实现的主要模块，用来从料库搬运物料到工件检测模块，并将合格产品进行码垛。智能仓库模块分为用于存储原始物料的料库单元，码垛合格物料或暂存合格物料用于后续流水线使用的放料单元，以及将物料推送到检测模块用于检测物料是否合格的料井单元。这些模块都需要安装到工作台上，如图 3-1 所示。

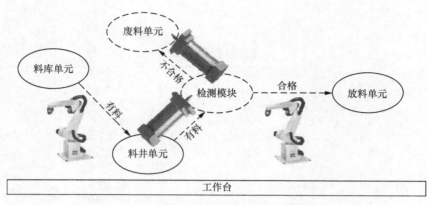

图 3-1　机械系统模块工作流程简图

任务一　机器人本体选型

【任务描述】

我：“机器人本体的选型方法是什么呢？”

Philip：“影响机器人选型的参数有很多，为了满足用户功能的要求，机器人的应用类型、承载能力、运动范围、自由度、精度等都是机器人选型时要考虑的因素。”

【任务学习】

一、机器人选型方法

微课

机器人选型方法

随着经济的发展，人工成本的提高，许多企业迫切需要实现产业升级，使用工业机器人是产业升级的重要手段，能给企业带来以下好处：减少劳动力费用，降低生产成本，提高生产质量与效率，增加生产柔性，减少危险岗位对人的危害。市面上的机器人形式多样，种类繁多，适用场景广泛，可以用在搬运、打磨、焊接、喷涂、装配、切割、雕刻等工作中，要做到正确选用机器人，必须清楚了解自身的需求以及机器人的性能、应用场景。

1. 根据应用类型选择机器人

不同的应用场景选择的机器人类型不一样。在小物件快速分拣应用上可以选择并联机器人。对机器人要求比较紧凑的场景可以考虑水平关节机器人，比如 3C 行业。喷涂应用就要考虑是否有防爆要求了，比如喷涂的是易燃的油性漆，就需要机器人满足防爆要求，而对于没有防爆要求且不需要机器人带喷涂参数的场景，普通机器人就能胜任，且成本会低很多。在搬运码垛方面可以选择码垛机器人，这类机器人有非常丰富的码垛程序，大大降低了编程难度，提高了码垛效率。还有专门针对弧焊、点焊等的机器人。结合应用类型与机器人的特性，可以更好地选择性价比高的机器人。

2. 根据负载及负载惯量选择机器人

机器人负载包括工装夹具、目标工件、外部载荷力、扭矩等，一般机器人的说明书上会给出负载特性曲线图，如图 3-2 所示。负载只有在机器人负载范围内才能保证机器人在工作范围内达到各轴的最大额定转速，才能保证机器人在运行过程中不会出现超载报警。

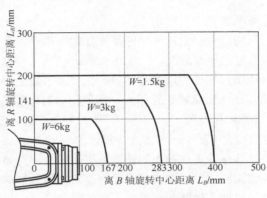

图 3-2 机器人负载特性曲线图

机器人负载惯量会影响机器人的精度、加速性能、制动性能等，这是在机器人应用过程中经常被忽略的因素，出现超载现象，机器人会有加减速不正常、抖动等表现，或者直接伺服报警，无法运作。一般厂家会通过列表的形式给出机器人允许负载惯量，如表 3-1 所示。

表 3-1 机器人允许的负载惯量

机器人型号	允许的负载惯量		
	R轴旋转	B轴旋转	T轴旋转
×××	0.17 kg·m²(0.017kgf·m·s²)		0.06 kg·m²(0.006kgf·m·s²)

注：常见的六轴工业机器人包含旋转（S轴）、下臂（L轴）、上臂（U轴）、手腕旋转（R轴）、手腕摆动（B轴）和手腕回转（T轴）6个关节。

应用工程师在做方案时要根据自己的工装夹具以及工件校验机器人各轴允许的负载惯量。

3. 根据工作范围选择机器人

应根据应用场景需要达到的最大距离选择机器人。一般机器人厂家会给出机器人的工作范围图，方案工程师根据方案布局确定机器人的运动轨迹是否在工作范围内，一般在使用机器人时尽量不要太靠近机器人的极限工作位置，以防在实际工程安装调试过程中与理论方案出现差距，导致报警。在实际使用过程中，当机器人的工作范围太小时，也会出现机器人不能很好地发挥性能的现象：行程不足，机器人无法加速到最大速度，机器人的效率发挥不出来。机器人行程不足时，也可以通过附加轴的方式增大工作范围，比如一台机器人同时管理 4 台或更多机床上下料时，往往会通过将机器人安装在直线轴上来增加机器人的运动范围。

4. 根据自由度选择机器人

机器人的轴数决定了机器人的自由度，即机器人的灵活性。如果是简单地拾取、搬运工件，三轴或四轴的机器人就足够用了，如常用在流水线的 Delta 机器人、Scara 机器人，效率高，安装空间小，在拾取工件没有相位要求时，可以选用三轴的，有相位要求时，可以选用四轴的。如果工作空间比较狭小、机器人需要在内腔工作或工作轨迹是复杂的空间曲线、空间曲面，可能需要六轴、七轴或者更高自由度的机器人，比如弧焊机器人经常配合变位机使用，组成七轴或八轴的机器人系统。当然，如果后期有规划需要，可以选择自由度高一点的机器人，以适应后期的应用拓展。

5. 根据精度需求选择机器人

机器人的精度需求一般由应用决定，常用的是重复定位精度。重复定位精度是指机器人循环过程中到达统一示教位置的误差范围，一般在 0.5mm 以内，厂家会在机器人出厂前通过一系列的标定与测试使其在出厂标准的精度范围内。在普通的搬运行业，对机器人重复定位精度的要求一般不会很高，比如对货物进行码垛，一般不会对码垛的位置有很苛刻的要求；而 3C 行业的电路板作业往往对精度要求比较高，一般需要一台超高重复定位精度的机器人。有些应用对机器人的轨迹精度也有要求，如激光焊接。

当然，可以通过一些仪器来修正机器人的轨迹以提高精度，比如在弧焊应用过程中，可以通过激光跟踪仪进行焊缝跟踪，以修正离线编程轨迹及机器人自身误差造成的实际轨迹与焊缝之间的误差；而在使用机器人做装配应用时，可以通过增加力传感器来修正机器人的工作路径及姿态。

6. 根据速度需求选择机器人

机器人的速度往往决定它的应用效率，一般机器人厂商会把机器人每个轴的最大速度标出来，随着伺服电机、运动控制及通信技术的发展，机器人的允许运行速度在不断提高。一般情况下，用户负载在机器人的要求范围内，机器人在工作空间范围内均能达到最大运动速度。用户可以根据数据评估机器人是否满足应用场合对节拍的要求。在冲压行业，一般对机器人的速度节拍是有要求的，这时就要注意规划机器人的速度以及轨迹了。另外，用于流水线作业的机器人也是需要注意节拍的。通过机器人的离线编程软件可以优化机器人的轨迹以及速度分配。

7. 根据其他要求选择机器人

选择机器人除了以上几点要求外，有时还需考虑其他要求，如机器人的防护等级、机器人是否带有刹车功能以及机器人的本体重量等。

机器人的防护等级在某些应用场合以及不同的地区标准下有其规定及要求。例如，在粉尘比较大的情况下，就要对机器人以及机器人电柜进行防护处理，以免粉尘进入机器人，影响机器人的机械传动结构；如果粉尘进入机器人电柜，就会影响机器人电柜散热，导致电柜过热故障，损坏电气元器件。在有喷水或水汽比较大的情况下，需要考虑机器人的防护等级，一般机器人厂家会给出机器人的防护等级。在工作环境充满易燃易爆物时，需要考虑选择带有防爆功能的机器人。还有热辐射、电磁辐射干扰，机器人的洁净性等方面也要加以考虑。

在一些情况下，是否带有刹车功能也需要考虑在内，它不仅可以使机器人在工作区域中确保精确和可重复的位置，而且可以保护操作人员的安全，当发生意外断电时，不带刹车的负重机器人轴不会锁死，会造成意外的风险。

在进行工业机器人系统集成设计过程中，机器人本体重量也是一个重要的考量因素，因为机器人本体需要安装在专用的支承上，如机器人底座或导轨等，需要根据机器人本体的重量设计支承。

二、机器人选型实践

搬运工作站的主要功能是实现教学任务，为了保证学生在上课过程中的人身安全，选用体积小、载荷轻、重量轻以及具有安全保护的机器人。四大家族（KUKA、ABB、FANUC、YASKAWA）的机器人都可以实现功能要求，但是同时要考虑到机器人丰富的通信接口以及供货周期的长短，所以综合考虑之下选用 FANUC 的机器人，且为了适应后期教学应用的拓展，选择了六轴机器人。该机器人的参数如表 3-2 所示。

表 3-2 　　　　　　　　　　　　FANUC 机器人规格型号

机型		LR Mate 200iD/4s
控制轴数		六轴
运动范围（最高速度）	J1	$-170°/170°$（$460°/s$）
	J2	$-110°/120°$（$460°/s$）
	J3	$-122°/280°$（$520°/s$）
	J4	$-190°/190°$（$560°/s$）
	J5	$-120°/120°$（$560°/s$）
	J6	$-360°/360°$（$900°/s$）
手腕部可搬运质量		4 kg
手腕允许负载转动惯量	J4	0.20 kg·m²
	J5	
	J6	0.067 kg·m²
重复定位精度		±0.02 mm
机器人质量		20 kg
可达半径		550 mm

〖思考与练习〗

机器人选型时需考虑的因素有哪些？至少列举 5 种。

任务二　末端执行器设计

【任务描述】

选好机器人后，我便向 Philip 请教关于末端执行器的相关设计知识。

Philip："末端执行器是直接执行对工件的抓取动作的装置。它的结构形式、抓取方式、抓取力的大小以及驱动末端执行器执行抓取动作的装置，都会影响对工件抓取这一动作的有效执行。"

我："我知道了。"

【任务学习】

一、末端执行器设计方法

末端执行器是直接执行工作的装置，它对增强机器人的作业功能、扩大应用范围和提高工作效率都有很大的作用，因此系统地研究末端执行器有着重要的意义。被抓取物体的不同特征，会影响到末端执行器的操作参数；物体特征又同操作参数一起，影响末端执行器的设计要素。物体特征、操作参数与末端执行器设计要素的关系如图 3-3 所示。

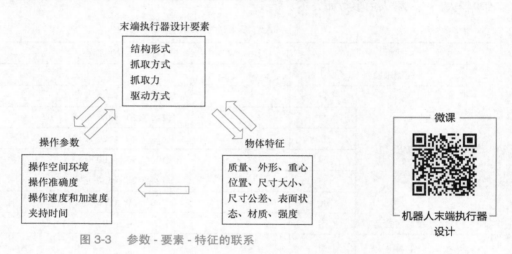

图 3-3   参数 - 要素 - 特征的联系

在设计末端执行器时，首先要确定，不同的设计要素受哪些因素的影响。根据物体特征、操作参数等因素与设计要素的关系，可以建立关系矩阵。其中，物体特征、操作参数分别作为影响因素 I、影响因素 II，写为列；末端执行器的设计要素，写为行，得到的关系矩阵如表 3-3 所示。在关系矩阵中，"1"表示有关，"0"表示无关。

表 3-3   各要素间的关系

设计要素			结构形式J	抓取方式Z	抓取力F	驱动方式Q
影响因素I	质量	I_1	1	1	1	1
	外形	I_2	1	1	0	0
	重心位置	I_3	1	0	1	1
	尺寸大小	I_4	1	0	1	1
	尺寸公差	I_5	0	1	0	0
	表面状态	I_6	1	1	1	1
	材质	I_7	1	1	1	1
	强度	I_8	1	1	1	1
影响因素II	环境	II_1	1	0	1	1
	准确度	II_2	1	1	0	0
	速度、加速度	II_3	1	0	0	1
	夹持时间	II_4	0	0	0	1

根据关系矩阵，可以得到图 3-4 所示的影响因素结构模型图，根据实际的要求，列出需考虑的影响因素，进而明确末端执行器的设计要素，最终将各设计要素组合成末端执行器的总体设计方案。

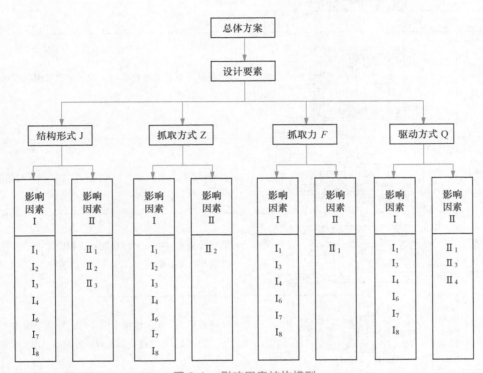

图 3-4　影响因素结构模型

在上述结构形式、抓取方式、抓取力以及驱动方式这 4 个设计要素中，除抓取力由计算得出外，其他设计要素的设计方法如下。

1. 结构形式

结构形式应根据图 3-4 所列影响因素：质量（I_1）、外形（I_2）、重心位置（I_3）、尺寸大小（I_4）、表面状态（I_6）、材质（I_7）、强度（I_8）以及环境（II_1）、准确度（II_2）、速度和加速度（II_3），从各类结构形式中选取。表 3-4、表 3-5、表 3-6 为常用结构形式的特点，可根据各结构形式的特点初步选定符合要求的结构形式。末端执行器按用途可大致分为夹持类、吸附类、专用末端操作器及换接器。

（1）夹持类末端执行器各种结构形式的特点

表 3-4 列出了常用夹持类末端执行器的结构形式及特点。

表 3-4　　　　　　　　　　　　　　　夹持类末端执行器结构形式及特点

形式	结构图例	特点
摆动式		在手爪的开合过程中，其运动状态是绕固定轴摆动的，这种形式结构简单，可获得较大的开闭角，适用面广
对中定心式		三点爪可抓取圆形物件，三片平面爪可抓取多边形物件，能够对中定心
大行程式		抓取行程大，用气缸与齿轮齿条联动，保证对称抓取
平行开闭式		利用滑槽相对中心平行移动，行程较大；手爪做成不同形状，可抓取圆形、方形、多边形物件
小型摆动式		回转角较小，手部做成平面，可夹持薄型板片；做成V形或半圆形可夹持小圆柱体，如钻头、电子元件等
柔性夹爪		外张夹持，可抓取各类形状、尺寸和重量的物体，即使被抓取物的位置在一定范围内变化，仍可以保证顺利抓取，降低了对抓取系统定位精度的要求，具有良好的稳定性和密封性，能够在粉尘、油污、液体环境下正常工作，应用范围较广
柔性管爪		适宜抓取易损物质及型面，如鸡蛋、灯泡、多面体
橡胶柔性手指		适宜抓取易损物质及小型物件，如纸杯、牙膏、塑料壳体等

（2）吸附类末端执行器各种结构形式的特点

吸附类末端执行器吸持物件时，不会破坏物件的表面质量。吸附类末端执行器包括气吸式与磁吸式，其特点与应用如表 3-5 所示。

表 3-5 气吸式与磁吸式末端执行器的特点与应用

形式	特点	应用
气吸式吸盘	结构简单，重量轻，使用方便可靠	用于板材，薄壁零件，陶瓷、搪瓷制品，塑料、玻璃器皿，纸张等
磁吸式吸盘	吸附力较大，对被吸物件表面光整要求不高	用于磁性材料吸附（如钢、铁、镍、钴等），对于不能有剩磁的物件吸取后要退磁。钢、铁等磁性材料的物件，在723℃以上失去磁性，所以高温时不可使用

表 3-6 列出了常用吸附类末端执行器的结构形式及特点。

表 3-6 吸附类末端执行器的结构形式及特点

形式		结构图例	特点
气吸式吸盘	挤压排气式	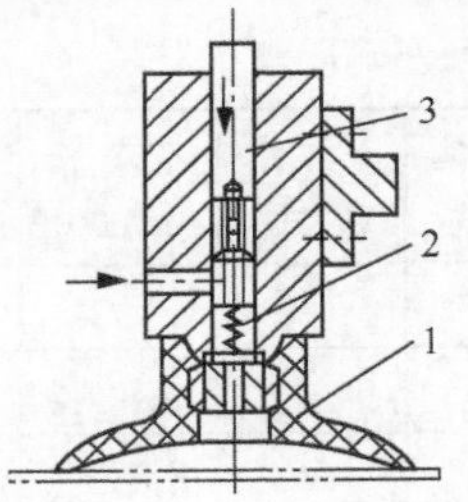 1—橡胶吸盘　2—弹簧　3—拉杆	通过气缸将吸盘压向物件，把吸盘内腔的空气挤压排出，将物件吸附起来，结构简单。吸力较小，宜用于吸起轻、小的片状物件。拉杆向上进入空气，吸力消失
	气流负压式	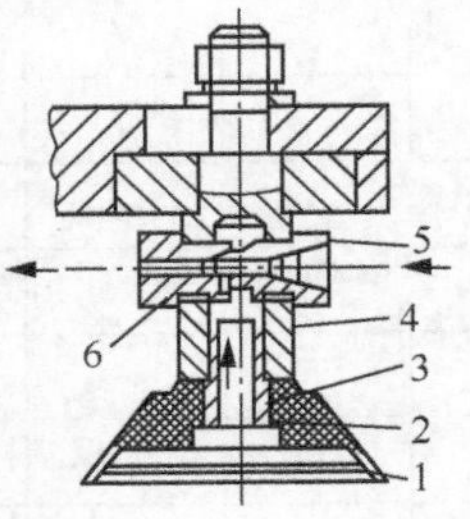 1—橡胶吸盘　2—心套　3—通气螺钉 4—支撑杆　5—喷嘴　6—喷嘴套	需稳定的气源，喷嘴出口处气流速度很高，有啸叫声
	真空式	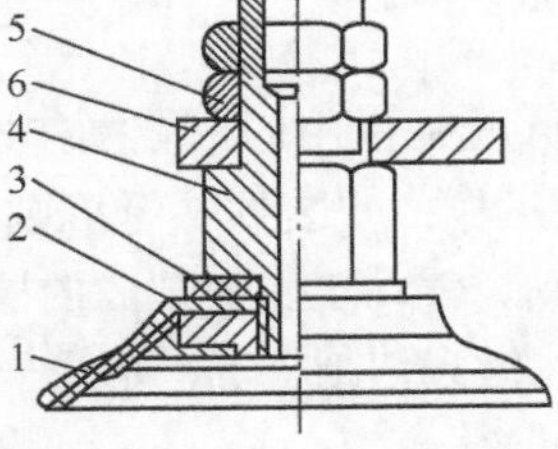 1—橡胶吸盘　2—固定环　3—垫片 4—支撑杆　5—螺母　6—基板	利用真空泵抽去吸盘内腔空气而吸取物件，吸取可靠，吸力大，成本较高

形式		结构图例	特点
磁吸式吸盘	永久磁铁	图略	必须强迫性地取下物件，应用较少
	交流电磁铁	图略	电源无需整流装置，吸力有波动，易产生振动和噪声，有涡流损耗
	直流电磁铁	图略	电源需整流装置，无涡流损耗，吸力稳定，结构轻巧，应用较多

根据各结构形式的特点选取末端执行器，可能会出现多种形式都符合要求的情况，如何选取最合适的结构形式，可用评价比较方法，参考表 3-7 的思路来进行，表中有"√"者表示有直接联系。通过实际应用情况列出影响因素与各结构形式的直接关联情况，选出最为合适的结构形式。例如，通过分析结构形式得到摆动式和平行开闭式都符合要求时，可利用表 3-7 进行再次分析，可知摆动式与对夹取工件的准确度以及速度和加速度有直接的联系，当对准确度、速度要求不高时，选用平行开闭式即可。

表 3-7　　　　　　　　　　各种结构形式与各影响因素的联系

结构形式			摆动式	对中定心式	大行程式	平行开闭式	小型摆动式	柔性爪	气吸式	磁吸式
影响因素I	质量	I_1					√		√	√
	外形	I_2	√	√		√	√	√		
	重心位置	I_3	√			√			√	√
	尺寸大小	I_4	√	√		√	√	√	√	√
	尺寸公差	I_5					√			
	表面状态	I_6				√	√		√	√
	材质	I_7	◄——　坚硬材料　——►					√	√	√
	强度	I_8	√	√	√	√		√	√	√
影响因素II	环境	II_1								
	准确度	II_2	√				√			
	速度、加速度	II_3	√					√		
	夹持时间	II_4								

（3）专用末端操作器及换接器

当机器人需完成特定的操作时，需为机器人配上专用的末端操作器。例如，通用机器人安装焊枪就成为一台焊接机器人，可完成焊接工作；安装拧螺母机则成为一台装配机器人，可完成安装螺母工作。目前，有许多由专用电动、气动工具改装成的操作器，如图 3-5 所示，有拧螺母机、焊枪、电磨头、扭矩枪、抛光头、激光切割机等，形成一整套系列供用户选用，使机器人胜任各种工作。

2. 抓取方式

抓取方式应根据图 3-4 所列影响因素：质量（I_1）、外形（I_2）、尺寸公差（I_5）、表面状态

（I_6）、材质（I_7）、强度（I_8）和准确度（II_2），从抓取方式中选取。对于吸附类的末端执行器，吸盘的结构和形状主要根据被吸附物件的特征来决定，此处不再赘述。夹持类末端执行器常用的抓取方式如下所述。

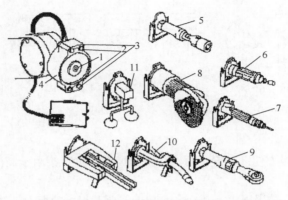

图 3-5 各种专用末端操作器和电磁吸盘式换接器

1—气路接口 2—定位销 3—电接头 4—电磁吸盘 5—拧螺母机 6—电铣头 7—激光切割机 8—抛光头
9—扭矩枪 10—焊枪 11—双吸盘 12—特殊夹具

（1）平面指抓取

平面指抓取如图 3-6（a）～图 3-6（c）所示，一般适用于夹持方形、多边形、板状及细小的棒类物件。

（2）V 形指抓取

V 形指抓取如图 3-6（d）～图 3-6（f）所示，一般适用于夹持圆柱形、正方形、多边形等物件，夹持平稳可靠，夹持误差较小。

（3）三指抓取

三指抓取如图 3-6（g）所示，用于夹持圆柱形物件。图 3-6（h）所示的内撑式用于撑持内孔。

（4）外钩托指抓取

外钩托指抓取如图 3-6（i）、图 3-6（j）所示，适用于钩托圆柱形、T 形等物件。

（5）内钩托指抓取

内钩托指抓取如图 3-6（k）所示，适用于钩托有 T 形槽的物件。

（6）特形指抓取

特形指抓取如图 3-6（l）所示，对于形状不规则的工件，必须设计出与工件形状相适应的专用特形手指，才能夹持工件。

抓取面做成光滑指面可使夹持物件的表面免受损伤，做成齿形指面可用来增加摩擦力，确保可靠夹持。柔性指面镶衬橡胶、泡沫塑料、石棉等物可以起增加摩擦力、保护物件表面、隔热等作用，一般用来夹持已加工表面或炽热物件，也适用于夹持薄壁物件和脆性物件。

3. 驱动方式

末端执行器一般通过气动、液压、电动 3 种驱动方式产生驱动力，通过传动机构进行作业，其中多用气动、液压驱动。电动驱动一般采用直流伺服电机或步进电机。

现将这 3 种驱动方式进行如下比较。

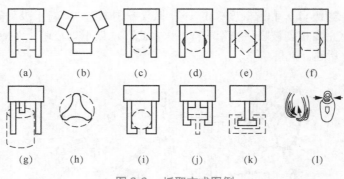

图 3-6　抓取方式图例

（1）气动驱动

优点：①气源获得方便；②安全而不会引起燃爆，可直接用于高温作业；③结构简单，造价低。

缺点：①压缩空气常用压力为 0.4～0.6MPa，要获得大的握力，结构将相应加大；②空气可压缩性大，工作平稳性和位置精度稍差，但有时因气体的可压缩性，使气动末端执行器的抓取运动具有一定的柔顺性。

（2）液压驱动

优点：①液压力比气压力大，以较紧凑的结构可获得较大的握力；②油液介质可压缩性小，传动刚度大，工作平稳可靠，位置精度高；③力、速度易实现自动控制。

缺点：①油液高温时易引起燃爆；②需供油系统，成本较高。

（3）电动驱动

优点：一般连上减速器可获得足够大的驱动力和力矩，并可实现末端执行器的力与位置控制。

缺点：不宜用于有防爆要求的条件下，因电机有可能产生火花和发热。

采用何种驱动方式应根据图 3-4 所列影响因素：质量（I_1）、重心位置（I_3）、尺寸大小（I_4）、表面状态（I_6）、材质（I_7）、强度（I_8）以及环境（II_1）、速度和加速度（II_3）、夹持时间（II_4），进行分析确定，分析结果如表 3-8 所示。

表 3-8　　　　　　　　　　　　　　驱动方式的选择

影响因素		质量（I_1）		重心位置（I_3）		尺寸大小（I_4）		表面状态（I_6）	
		小	大	近	远	小	大	光整	一般
驱动方式	气动	√		√		√		√	
	液压		√	√	√	√	√		√
	电动		√		√		√		√

影响因素		材质（I_7）		强度（I_8）		环境（II_1）		速度，加速度（II_3）		夹持时间（II_4）	
		软	硬	小	大	好	差	小	大	短	长
驱动方式	气动	√	√	√	√	√	√		√	√	
	液压		√		√	√	√	√			√
	电动		√		√	√	√				√

注："√"者优先使用。

二、末端执行器设计实践

对于料块的抓取，搬运工作站机器人需要通过抓取器来实现。抓取器设计要以驱动简单，并且与机器人的末端容易配合为佳，同时也要能够承受工件的重量（提供源文件：手爪装配体）。

1. 选择结构形式

对于结构形式的选择，应根据图 3-4 所列目标要素：质量（I_1）、外形（I_2）、重心位置（I_3）、尺寸大小（I_4）、表面状态（I_6）、材质（I_7）、强度（I_8）以及环境（II_1）、准确度（II_2）、速度和加速度（II_3），从各类结构形式中选取。由于抓取的工件为块状，尺寸不大，且料块的材料 POM 无磁性，因此选用夹持类末端执行器；又由于对料块抓取的对中定心准确度要求不高，无须选用对中式，且料块尺寸不是很大，无须选用大行程式，但小型摆动式又不能满足要求，此外料块材料 POM 的强度和刚度都很高，无须选用柔性手爪，故该工作台的末端执行器可选用摆动式或平行开闭式；又由于该工作站是为满足教学要求设计的，对料块的抓取速度要求不高。综上分析，该工作站最终选取平行开闭式末端执行器。

2. 选择抓取方式

对于抓取方式的选择，应根据图 3-4 所列目标要素：质量（I_1）、外形（I_2）、尺寸公差（I_5）、表面状态（I_6）、材质（I_7）、强度（I_8）和准确度（II_2），从各类抓取方式中选取。由于工件质量小、尺寸小，不需要做成齿形指面增加摩擦力，且工件材料 POM 强度大，不需要柔性指面保护物件表面，而为了使夹持工件平稳可靠，夹持误差较小，因此该工作站选用 V 形指抓取。为了能够夹持 3 种工件，并使每种工件都能进入相应的料位，因此在手指上设计不同的凹槽夹取工件，如图 3-7 所示。图中的 V 形槽用来夹取圆形的工件；距离基准线 10mm、长为 40mm、深度为 2mm 的扁形凹槽用来夹取正方形工件；最外侧 70mm 长的表面用来夹取长方形工件。

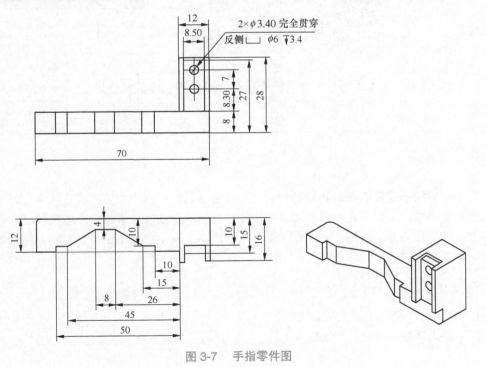

图 3-7　手指零件图

3. 选择驱动方式

对于驱动方式的选择，应根据图 3-4 所列目标要素：质量（I_1）、重心位置（I_3）、尺寸大小（I_4）、表面状态（I_6）、材质（I_7）、强度（I_8）以及环境（II_1）、速度和加速度（II_3）、夹持时间（II_4），进行分析确定。因该工作站用于教学，应以安全为主，气动驱动的气源获得方便，气源安全且不会引起燃爆；工件的质量小、尺寸小、材质硬、强度高、应用环境好，以及对机器人抓取工件的速度要求不高，故该工作站的末端执行器选用气动驱动。

通过以上的设计分析可得该手爪的装配图如图 3-8 所示，该手爪主要由快换母头、手指驱动气缸以及手指组成。快换母头与机器人第六轴上的快换公头连接，方便机械手的拆卸；手指气缸驱动手指完成抓取动作，是主要执行机构。

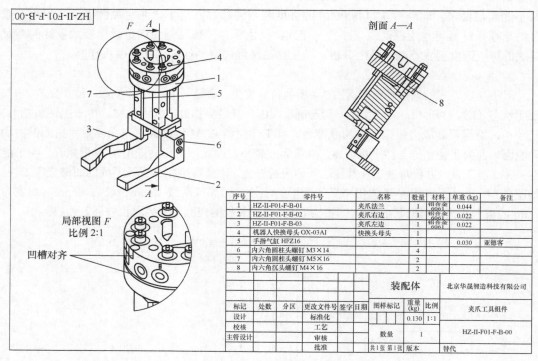

序号	零件号	名称	数量	材料	单重(kg)	备注
1	HZ-II-F01-F-B-01	夹爪法兰	1	铝合金6061	0.044	
2	HZ-II-F01-F-B-02	夹爪右边	1	铝合金6061	0.022	
3	HZ-II-F01-F-B-03	夹爪左边	1	铝合金6061	0.022	
4	机器人快换母头 OX-03AI	快换头母头	1			
5	手指气缸 HFZ16		1		0.030	亚德客
6	内六角圆柱头螺钉 M3×14		4			
7	内六角圆柱头螺钉 M5×16		2			
8	内六角沉头螺钉 M4×16		2			

				装配体		北京华晟智造科技有限公司
标记	处数	分区	更改文件号	签字	日期	图样标记	重量(kg)	比例	夹爪工具组件
设计			标准化				0.130	1:1	
校核			工艺			数量			HZ-II-F01-F-B-00
主管设计			审核						
			批准			共1张 第1张 版本		替代	

图 3-8　手爪装配图

由于该手指不仅要实现对料块的抓取，而且要使料块在搬运中能准确进入料位，同时也要满足耐磨要求；又由于在手指与工件多次接触之后，手指因为磨损会影响料块进入料位的准确度，故手指还应该防锈、防腐蚀。综合考虑之下，该手指使用铝合金材料，辅以喷砂及阳极氧化工艺。

【思考与练习】

1. 简要说明末端执行器的设计方法。

2. 末端执行器按用途可大致分为＿＿＿＿＿＿、＿＿＿＿＿＿、＿＿＿＿＿＿。

任务三　智能仓库模块设计

【任务描述】

　　通过与 Philip 的交流得知，工作站要完成一个工序，需要有存放物料的仓库模块，包括存储原始物料的料库单元，码垛合格物料或暂存合格物料用于后续流水线使用的放料单元，以及将物料放到某个中间位置用于后续检测单元检测的料井单元。

【任务学习】

一、料库单元设计

微课

料库单元设计

　　为了使工位能够放置 3 种料块，设计图 3-9 所示的工位，且为防止机器人抓取料块时与料库产生摩擦，工位设计时留有 0.5mm 的间隙。

　　为了满足工作站教学流水线的要求，经考虑设计 8 个工位，同时为了防止出现教学过程中料库无料的状况，又在 8 个工作工位的基础上添加了 4 个备用工位，即共 12 个工位。如果将 12 个工位设置在同一层，就会使料库的占用面积过大，超出机器人的工作范围，故将料库分为上下两层设计，每层的高度需根据机器人的工作空间来合理设置，且在每个工位后都需要设计一个安装传感器的位置，用来判断料库是否有料，进而确定机器人到哪个工位抓取物料。综上分析，设计图 3-10 所示的料库单元，其中下层的后 4 个工位为备用工位。该料库应满足防锈、防腐蚀的要求，综合考虑之下，使用铝合金材料，并辅以阳极氧化工艺（提供源文件：料库单元）。

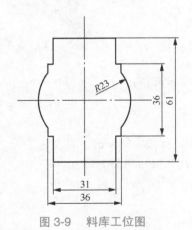

图 3-9　料库工位图

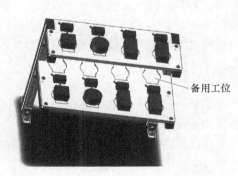

备用工位

图 3-10　料库单元

二、放料单元设计

　　根据任务要求，料块有 3 种形状，2 种色度，设计了具有与 3 种料块形状颜色相对应的 6 个放料工位；同时，为了实现码垛教学，设计了 2 个码垛工位（将其中一个工位的物料码垛到另一个工位上）。为了防止机器人搬运物料时与台面产生摩擦，工位处应留有间隙，其中用于码垛的 2 个工位的间隙设计为 3mm，其他工位间隙设计为 2mm。台面高度需根据机器人的工作空间来设计。综上分析，设计图 3-11 所示的放料单元。此外，该料库应满足防锈、防腐蚀的要求，综合考虑之下，台面采用铝合金材料，表面氧化处理（提供源文件：放料单元）。

微课

放料单元设计

微课

料井单元设计

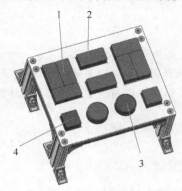

图 3-11　放料单元

1—码垛工位　2—长方形料块工位　3—圆形料块工位　4—正方形料块工位

三、料井单元设计

料井应能使 3 种不同形状（正方形、长方形、圆形）的物料块以固定的姿态到达料井底部，故料井下料处设计了和料库工位一样的形状，且为防止物料在下料时与料井产生摩擦，设有 2mm 的间隙。此外，为了实现自动将料井中的物料推送到传送带上用于检测的操作，还应安装一个直线推送元件，该执行元件的驱动方式和结构应尽量简单，为了使用与手爪相同的驱动方式，选用气缸作为执行元件。而在该执行元件被推送时，还应确定料井中是否已有物料，因此需安装一个传感器。根据机器人的工作范围以及适合流水线的流程，将料井的高度设计为能容纳 8 个料块。综合考虑之下设计图 3-12 所示的料井单元。（提供源文件：料井单元）

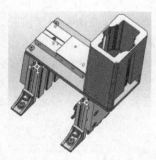

图 3-12　料井单元

四、工作台设计

考虑到一般教学场地的限制，且能够达到同时对 8 个人进行教学的目的，以及易于操作人员操控面板的合适高度，本台工作站的工作台的设计方案及其尺寸如图 3-13 所示。

工作台的三维图如图 3-14 所示（提供源文件：工作台）。

微课

工作台设计

其技术要求如下。

① 尺寸 1 780mm×1 240mm×965mm；

② 结构件材料为铝型材，台面上设计 T 形槽，以方便安装；

③ 壁板和钣金件采用 Q235A 材质，表面进行喷塑处理；

④ 4 个高度可调的活动脚轮，工作台可自由移动。

进而根据工作台的尺寸得到该工作站的布局，如图 3-15 所示。

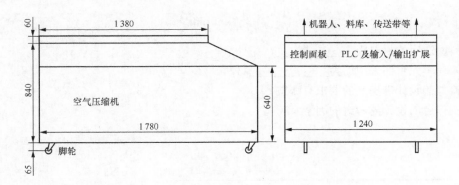

图 3-13 工作台设计方案及其尺寸（单位：mm）

图 3-14 工作台三维图

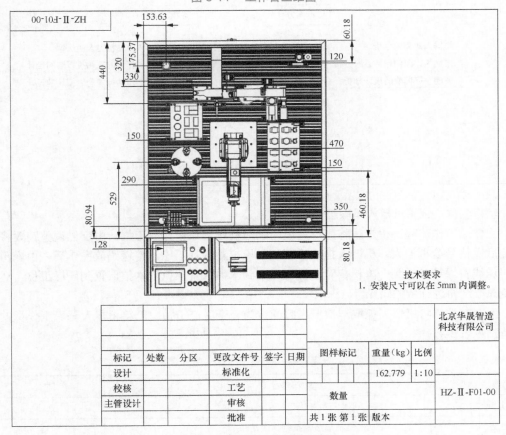

图 3-15 搬运工作站布局图

【思考与练习】

1. 料库选用的材料为＿＿＿＿＿＿＿，为什么？
2. 放料单元台面采用的为＿＿＿＿＿＿材料。
3. 料井的设计需满足的要求有哪些？
4. 工作台的设计需考虑的因素有哪些？

项目总结

本项目讲解了系统集成中执行模块的设计思路和方法，通过该项目的学习，读者应掌握机器人本体选型方法、末端执行器设计方法以及智能仓库模块设计方法。项目三的技能图谱如图 3-16 所示。

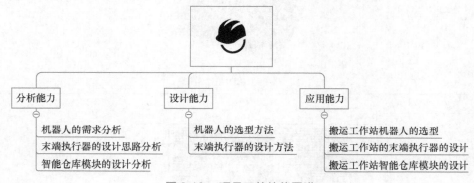

图 3-16　项目三的技能图谱

拓展训练

项目名称：纸箱机器人码垛工作站。

工作站工作流程：生产线将生产完成的纸箱输送到纸箱抓取工位，由定位调整装置将其定位后发信号给机器人，机器人抓取纸箱到码垛位置进行码垛，整垛码放完毕后，由垛箱输出传送线将垛箱输送到升降梯位置，机器人则到木拍放置架抓取木拍放置到码垛工位，然后重复抓取纸箱进行新的码垛。

生产节拍：将机器人抓取一次所用时间定为一个生产节拍。纸箱机器人码垛工作站的生产节拍见表 3-9。

表 3-9　　　　　　　　　　纸箱机器人码垛工作站的生产节拍

序号	动作内容	时间
1	机器人由待机工位至抓取工位	0.5s
2	抓取装置执行抓取动作	1s

续表

序号	动作内容	时间
3	机器人由抓取工位至码垛工位	1.5s
4	抓取装置执行码垛动作	1.5s
5	机器人由码垛工位至待机工位	0.5s
	生产节拍合计	$T=5s$

搬运效率：单机单线搬运效率为 12 件 /min；单机双线搬运效率为 11 件 /min；单机四线搬运效率为 6 件 /min。

设计要求：选用合适的机器人，并选择其中一种工件（纸箱和木拍）设计末端执行器，需自行调研设计纸箱（或木拍）的尺寸和重量。

格式要求：以 Word 文档提交，以 PPT 形式展示。

考核方式：分组选题（每组 2 ～ 3 人），提交设计说明书（纸质版、电子版均可），并于课内讲解 PPT，时间要求 10 ～ 15min。

评估标准：拓展训练评估表见表 3-10。

表 3-10　　　　　　　　　　　　　　　拓展训练评估表

项目名称：纸箱机器人码垛工作站	项目承接人：	日期：
项目要求	**评分标准**	**得分情况**
总体要求（100分） ① 表述清楚选用该机器人的原因； ② 说明对所选工件设计的末端执行器的设计过程		
评价人	**评价说明**	**备注**
教师：		

项目四
工件检测模块设计

项目引入

　　通过一段时间的项目学习，我对系统集成设计产生了更浓厚的兴趣，刚学习完机械系统模块的设计，就追着问下一步该做什么。

　　Philip："工件在码垛之前该做什么？"

　　我："嗯……应该是检测工件是否合格，只有合格的产品才能进行码垛。"

　　Philip："回答得不错！检测产品是否合格需分别进行颜色和形状检测，这就要求在传送带上依次经过颜色检测传感器和形状检测传感器，如合格，则执行下一步骤，不合格，则剔除。"

　　我："就是说需设计检测物料颜色和形状的视觉模块，以及带动传感器运输的输送模块。"

　　Philip："嗯，总结得不错。"

　　通过这个项目的学习，我掌握了工件检测模块的设计方法。

知识图谱

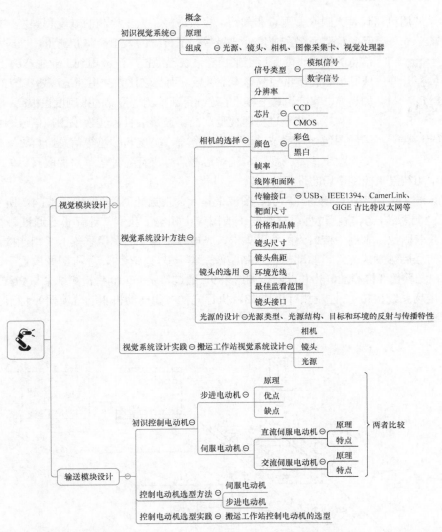

工作站采用传感器检测物料的颜色，检测工件颜色的传感器设计将在项目五中讲解，本项目的内容是设计检测工件形状的视觉模块以及输送模块。

任务一　视觉模块设计

【任务描述】

视觉模块用于检测料块的形状是否合格，在设计视觉模块前需了解其组成及各组成部分的功能，在此基础上再进行各组成部分的设计工作。

【任务学习】

一、初识视觉系统

微课

视觉系统的认识与
设计方法

视觉系统用机器代替人眼来做测量和判断，极大减轻了人工检测的难度和强度，提高了产品的检测质量和速度，已经替代了传统的人工检测和测量，同时利于系统信息的集成。因此近年来视觉系统已经被广泛应用到工业生产的工况监视、成品检验和质量控制等多个领域，而且它比人类更能适应恶劣的工作环境，如高温、寒冷、真空等，能连续不断检测，检测的准确度也很高。

视觉系统通过机器视觉产品将被摄取目标转换成图像信号，传送给专用的图像处理系统，根据像素分布、亮度和颜色等信息，再将图像信号转变为数字信号；视觉系统对这些信号进行各种运算，抽取目标的特征，进而根据判别的结果来控制现场的设备动作。

视觉系统主要由光源、镜头、相机、图像采集卡、视觉处理器等组成。图 4-1 所示为典型工业视觉检测系统，其检测过程：被测物 1 的图像由相机 2 获取，计算机 5 通过相机与计算机接口 6 获取图像，本例中接口为图像采集卡，光电传感器 4 与图像采集卡 6 相连接，图像采集卡接收信号后触发闪光灯，驱动软件控制图像采集卡获取图像 7，并将图像放置于计算机内存。机器视觉软件 8 检测被测物并返回检测结果 9。通过数字 I/O 10 将检测结果与 PLC 11 通信。PLC 通过现场总线接口 12 控制执行机构 13，执行机构（如电动机驱动分流器）将不合格被测物从生产线上剔除。

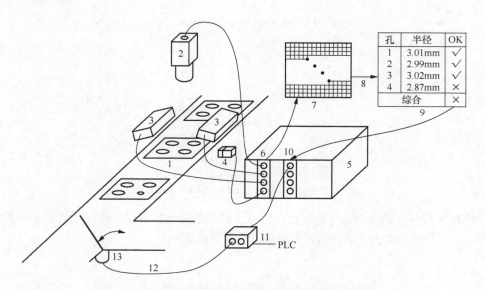

孔	半径	OK
1	3.01mm	√
2	2.99mm	√
3	3.02mm	√
4	2.87mm	×
综合		×

图 4-1　典型工业视觉检测系统组成

1—被测物　2—镜头、芯片、相机　3—光源　4—光电传感器　5—计算机　6—图像采集卡　7—获取的被测物图像
8—机器视觉软件　9—软件检测结果　10—数字 I/O　11—PLC　12—现场总线接口　13—执行机构

二、视觉系统设计方法

准确描述机器视觉系统需要完成的功能和工作环境，对于整个机器视觉系统的成功集成

是至关重要的。因此要和用户进行深层沟通，要知道检测目标物的形态，包括其大小、形状、颜色和工作环境，只有明确了系统的需求信息，专业技术人员才有可能提出切实可行的解决方案。

视觉系统中各个组成部分环环紧扣，镜头、图像采集卡以及系统平台相互匹配才能获得理想的图像质量和成功的机器视觉应用系统。其中，对图像质量影响最大的部分是光源、镜头和相机部分，这 3 个部分的主要工作任务是图像采集，只有当采集的原始图像质量较好，经过处理之后得到的视觉信息才能比较准确。因此，视觉系统的集成主要以这 3 个部件的选型为主，图像采集卡和视觉处理器都是各生产厂商的配套设备。

在视觉系统的选型中，需要先对相机进行选型，然后选择镜头，最后选择光源。

1. 相机的选择

工业相机是机器视觉系统中的一个关键组件，选择合适的相机也是机器视觉系统设计中的重要环节，相机的选择不仅直接决定所采集到的图像分辨率、图像质量等，还与整个系统的运行模式直接相关。

相机的选择需考虑如下几个因素。

（1）选择工业相机的信号类型

工业相机从大的方面分为模拟信号和数字信号两种类型。

① 模拟相机必须有图像采集卡，标准的模拟相机分辨率很低，一般为 768×576 像素，且帧率也是固定的（25 帧/秒）。模拟相机采集到的是模拟信号，经数字采集卡转换为数字信号进行传输存储。模拟信号可能会由于工厂内其他设备（如电动机或高压电缆）的电磁噪声干扰而造成失真，随着噪声水平的提高，模拟相机的动态范围（原始信号与噪声之比）会降低，动态范围决定了有多少信息能够从相机传输给计算机。

② 数字相机采集到的是数字信号，数字信号不受电磁噪声影响，因此，数字相机的动态范围更高，能够向计算机传输更精确的信号。

（2）确定工业相机的分辨率

根据系统的需求来选择相机的分辨率，下面以一个应用案例来分析。

应用案例：假设检测一个物体的表面划痕，要求拍摄的物体大小为 10mm×8mm，要求的检测精度是 0.01mm。首先假设要拍摄的视野范围为 12mm×10mm，那么应该选择的相机其最低分辨率：（12/0.01）×（10/0.01）=1 200×1 000，约为 120 万像素，即如果一像素对应一个检测缺陷，最低分辨率必须不小于 120 万像素，而常见的相机是 130 万像素，因此一般选用 130 万像素的相机。

（3）选择工业相机的芯片

工业相机根据芯片的不同分为 CCD 和 CMOS 两种。

如果要求拍摄的物体是运动的，要处理的对象也是实时运动的物体，选择 CCD 芯片的相机更为合适。但厂商生产的 CMOS 相机如果采用帧曝光的方式，也可以当作 CCD 来使用。如果被拍摄的物体运动的速度很慢，在我们设定的相机曝光时间范围内，物体运动的距离很小，换算成像素大小为 1～2 像素，那么选择 CMOS 相机也是合适的，因为在曝光时间内，1～2 像素的偏差人眼根本看不出来（如果不是用于测量的话），但超过 2 像素的偏差，物体拍出来的图像就有拖影，这样就不能选择 CMOS 相机了。

（4）选择工业相机的颜色

如果要处理的信息与图像颜色有关，则采用彩色相机，否则建议选用黑白相机，因为同样分辨率的相机，黑白相机的精度比彩色的高，尤其是在看图像边缘时，黑白的效果更好。

而且，在进行图像处理时，黑白工业相机得到的是灰度信息，可直接处理。

（5）选择工业相机的帧率

根据要检测的速度选择相机的帧率时，要相机帧率一定要大于或等于检测速度。其中，等于检测速度的情况，要求图像的处理在相机的曝光和传输的时间内完成。一般情况下，分辨率越高，帧率越低。

（6）选择线阵还是面阵的工业相机

在检测精度要求很高，运动速度很快，面阵相机的分辨率和帧率达不到要求的情况下，选择线阵工业相机更为适宜。

（7）选择工业相机的传输接口

根据传输的距离、传输的数据大小（带宽）选择 USB、IEEE 1394、Camer Link、GIGE 吉比特以太网等类型接口的相机。

① USB

USB 即 Universal Serial Bus，中文名称为通用串行总线。这是近几年逐步在个人计算机（PC）领域广为应用的新型接口技术。在主机端，个人电脑几乎 100% 支持 USB；而在外设端，使用 USB 接口的设备也与日俱增，如数码相机、扫描仪、游戏杆、图像设备、打印机、键盘、鼠标等。进而使用 USB 接口，方便连接，不需要采集卡。

a. USB2.0。USB2.0接口的工业相机，是最早应用的数字接口之一，开发周期短，成本低廉，是目前最为普通的类型，维视图像（Microvision）于 2003 年推出的 MV-1300 系列是国内最早研发的 USB 接口工业相机，已面向市场十几年，反响良好。

所有计算机都配置有 USB2.0 接口，方便连接，不需要采集卡；缺点是其传输速率较慢，理论速度只有 480Mbit/s（即 60MB/s）但实际上传输速率一般不超过 30MB/s。而且，USB2.0 接口的传输距离近，信号容易衰减。

此外，在传输过程中 CPU 参与管理，占用及消耗资源较大。其接口也不稳定，相机通常没有坚固螺丝，因此在经常运动的设备上，可能会有松动的危险。

b. USB3.0。USB3.0 的设计在 USB2.0 的基础上新增了两组数据总线，为了保证向下兼容，USB3.0 保留了 USB2.0 的一组传输总线。在传输协议方面，USB3.0 除了支持传统的 BOT 协议，新增了 USB Attached SCSI Protocol（USAP），可以完全发挥出 5Gbit/s（即 60MB/s）的高速带宽优势。但由于总线标准是近几年才发布的，所以协议稳定性的问题依然存在，且传输距离问题，也没有得到解决。

目前，虽然市面上还没有太多的 USB3.0 相机出现，不过现在国内外的工业相机厂商都在积极推进，而且有些厂商已经有相关的样机出现，维视图像（Microvision）已经研发并推出 MV-VDM 系列 USB3.0 工业相机。

② IEEE 1394

IEEE 1394 接口为苹果公司开发的串行接口标准，又称 Firewire 接口。在工业领域中，应用非常广泛，常用的是 400Mbit/s 的 1394A 和 800Mbit/s 的 1394B 接口。其协议、编码方式很好，传输速度也比较稳定，且 IEEE 1394 接口，特别是 1394B 接口，都有坚固的螺丝。

此外，IEEE 1394 接口虽然占用 CPU 资源少，可多台同时使用，但由于该接口的普及率不高，需要额外的采集卡，现已慢慢被市场淘汰。

③ CamerLink

CamerLink 接口的传输速度是目前的工业相机中最快的一种总线类型，一般用于高分辨

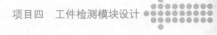

率高速面阵相机，或者是线阵相机上。但 CamerLink 接口需要额外购买图像采集卡，且成本较高，因此在实际的应用中比较少。此外，CamerLink 接口也适合近距离传输。

④ GIGE 吉比特以太网

吉比特以太网是建立在以太网标准基础之上的技术。吉比特以太网和大量使用的以太网与快速以太网完全兼容，并利用了原以太网标准所规定的全部技术规范。作为以太网的一个组成部分，吉比特以太网也支持流量管理技术，它保证在以太网上的服务质量。吉比特以太网接口的工业相机，协议稳定，是近几年市场应用的重点，使用方便，连接到吉比特网卡上，即能正常工作。

目前光纤信道技术的数据运行速率为 1.063Gbit/s，使数据速率达到完整的 1 000Mbit/s，传输距离为 100m。可多台同时使用，CPU 占用率小。

（8）选择工业相机的靶面尺寸

靶面尺寸的大小会影响到镜头焦距的长短，在相同视角下，靶面尺寸越大，焦距越长。在选择相机时，特别是对拍摄角度有比较严格的要求时，靶面的大小以及与镜头的配合情况都将直接影响视场角的大小和图像的清晰度。因此，要结合镜头的焦距、视场角来选择靶面尺寸；一般而言，选择靶面时要结合物理安装的空间来决定镜头的工作距离是否在安装空间范围内，要求镜头的尺寸一定要大于或等于相机的靶面尺寸。表 4-1 列出了常见的几种靶面尺寸。

表 4-1　　　　　　　　　　　　　　　常见靶面尺寸

规格/英寸（1英寸=25.4mm）	1	2/3	1/2	1/3	1/4
长度/mm	9.6	6.6	4.8	3.6	2.4
宽度/mm	12.8	8.8	6.4	4.8	3.2

（9）工业相机的价格和品牌（厂家）

在参数相同的情况下，不同品牌 / 厂家的相机价格会各不相同，可考察对比不同品牌 / 厂家的相同参数的相机，选用效果、价格综合最优的相机。

下面通过一个具体案例来选择分析相机。

通过机器视觉系统测量传送带上运输的工件（见图 4-2）螺纹部分的精准宽度为 W，精度要求 $D=0.01mm$。

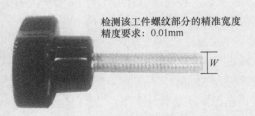

检测该工件螺纹部分的精准宽度
精度要求：0.01mm

W

图 4-2　螺纹检测实例图

先用钢尺粗略测量工件确定相机的芯片分辨率，如图 4-3 所示。

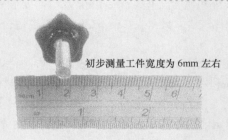

初步测量工件宽度为 6mm 左右

图 4-3　粗略测量工件螺纹部分的宽度

通过测量，该工件的宽度 W 约为 6mm，则视场（相机拍摄到的范围，一般以物理尺寸表示）大小确定为 FOV=10mm 比较合适。分辨率 F 的计算公式为

$$F=FOV/D$$

式中：D 为相机的精度。

根据客户的精度要求 D=0.01mm，那么图像的分辨率应该是 F=FOV/D=1 000，如果以 1 像素对应 1mm，那么我们需要分辨率至少为 1 000 的相机。根据市面上各种像素相机的分辨率参数，再考虑最小的成本，那么选择 130 万（1 280×1 024）像素的相机比较合适，又因为工件只要求测量尺寸，不需要识别颜色，所以选择黑白相机即可（便宜、图片小、传输快、对比度更高）。

确定选择分辨率为 130 万像素的黑白相机后，接下来就是选择成像芯片，由于是用于精确测量传送带上运输的螺纹尺寸，所以选择 CCD 相机更为适宜。最后考虑相机的价格和品牌，可对比国内外的不同品牌综合比较性能和价格，例如，可选择灰点相机（POINT GREY，现已被美国菲力尔（FLIR）公司收购）。

2. 镜头的选用

在机器视觉系统中，镜头是控制成像的关键部件，其主要作用是将成像目标聚焦在图像传感器的光敏面上。镜头的质量直接影响到机器视觉系统的整体性能，合理选择并安装光学镜头，是机器视觉设计的重要环节。

镜头的选用应考虑以下几点。

（1）选择合适的镜头尺寸

镜头尺寸应等于或大于相机成像面尺寸。例如，1/3 英寸相机 CCD 靶面尺寸可选 1/3 ～ 1 英寸范围内的镜头，水平视角的大小都是一样的。但镜头尺寸比相机 CCD 靶面尺寸大时，将使图像视野比镜头视野小，即不能很好地利用镜头的视野。如果镜头尺寸比相机 CCD 靶面尺寸小，则会发生"隧道效应"，即图像有圆形的黑框，像在隧道里拍的一样，如图 4-4 所示。只有使用大于 1/3 英寸的镜头，才能更多地利用成形，更精确了镜头中心光路，提高图像质量和分辨率。

（2）选用合适的镜头焦距

焦距越大，监看距离越远，水平视角越小，监视范围越小；焦距越小，监看距离越近，水平视角越大，

图 4-4　"隧道效应"实例

监视范围越大。镜头焦距可按照式（4-1）估算。视觉系统镜头的工作原理如图 4-5 所示。

$$f = X \cdot \frac{H}{FOV} \tag{4-1}$$

式中：f 为焦距；X 为成像芯片尺寸；H 为工作距离。

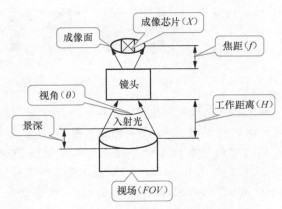

图 4-5　视觉镜头的工作原理

（3）考虑环境光线的变化

光线对图像的采集效果起着十分重要的作用。一般来说，对于光线变化不明显的环境，常选用手动光圈镜头，将光圈手动调到一个比较理想的数值后就可不动了；如果光线变化较大，如室外 24h 监看，则应选用自动光圈，它能够根据光线的明暗变化自动调节光圈值的大小，保证图像质量。但需要注意的是，如果光线照度不均匀，特别是监视目标与背景光反差较大时，采用自动光圈镜头效果不理想。

（4）考虑最佳监看范围

因为镜头焦距和水平视角成反比，因此既想看得远，又想看得宽阔和清晰，这是无法同时实现的。每个焦距的镜头都只能在一定范围内达到最佳的监看效果，所以如果监看的距离较远且范围较大，最好增加相机的数量，或采用电动变焦镜头配合云台安装。

（5）镜头接口与相机接口要一致

现在的相机和镜头通常都是 CS 型接口，CS 型相机可以和 CS 型、C 型镜头接配，但和 C 型镜头接配时，必须在镜头和相机之间加接配环，否则可能碰坏成像面的保护玻璃，造成相机损坏。而 C 型相机不能和 CS 型镜头接配。

如图 4-6 所示，C 型镜头和 CS 型镜头的螺纹部分相同，但两者从镜头到感光表面的距离不同。C 型镜头安装座，从工业相机镜头安装基准面到焦点的距离是 17.526mm。CS 型镜头安装座是特种 C 型安装座，安装时应先将工业相机前部的垫圈取下，此时工业相机镜头安装基准面到焦点的距离为 12.5mm。如果要将一个 C 型安装座的镜头安装到一个 CS 型安装座的工业相机上，就需要加装一个 5mm 厚的接配环。

同样以图 4-2 所示的螺纹检测为例。

假定该工件在流水线检测过程中的工位高度为 100mm<H<150mm，那么根据相机的

芯片尺寸 X 就可以得到镜头的焦距 f。

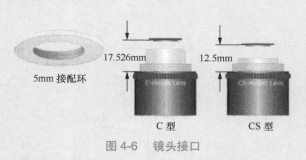

5mm 接配环　　17.526mm　　12.5mm

C 型　　　　CS 型

图 4-6　镜头接口

以奥普特（OPT）的 130 万像素灰点相机为例，芯片尺寸是 1/3 英寸，长为 4.8mm，宽为 3.6mm，以长边为例，则芯片尺寸 X=4.8mm。结合现场工位要求，工作距离 100mm<H<150mm，并由之前的相机选型分析时，已确定视场 FOV=10mm，进而可根据式（4-1）计算出镜头焦距，结果为 48mm<f<72mm，再根据现在主流的镜头焦距参数（5mm/8mm/12mm/15mm/16mm/25mm/35mm/50mm/75mm）选择镜头。选择镜头焦距为 50mm。

又由于是在车间内测量螺纹尺寸，光线不会有太大变化，所以选用手动光圈镜头即可，且监看距离固定，可选用放大倍率为 0.5 倍（放大倍率 M=X/FOV）、工作距离 H=110mm 的日本 OPTART 远心镜头。

3. 光源的设计

光源不是简单地照亮物体，而是以合适的方式将光线投射到被测目标上，尽可能地突出拍摄目标的特征量部分，使需要检测的部分与不重要的部分之间尽可能地产生明显的区别，增加足够的对比度；还应保证足够的整体亮度、强度等。好光源和照明方式的设计能够改善整个系统的分辨率，降低噪声，简化图像分析与处理的软件算法，因此在机器视觉应用系统中，好的光源与照明方案往往对整个系统起着非常重要的提升作用，是视觉图像采集中一个关键的环节。

由于被检测目标自身性质、周围环境以及检测要求千差万别，没有一种光源可以有效地通用在各种检测环境中，而需要针对每个具体的案例来设计光源方案。光源设计主要包括 3 个方面：光源类型、光源结构、目标和环境的反射与传播特性。具体而言，需要根据被检测物体和异物的光学特性、距离、背景以及检测要求（精度、光源寿命等）来选择和设计光谱、结构（分布、形状、照射角度）、照射方式（常亮或是频闪）等。下面针对如何选择合适的光谱和设计合理的结构进行具体说明。

（1）光谱的选择

光线本身的光谱性质对所成图像也会有一定的影响，可根据被测物的背景、材质与颜色等选择光源的光谱。

图 4-7（b）所示为使用红光照射印制电路板（PCB）的成像结果，由于 PCB 板的背景色为绿色，与红光互补，因此标记点非常清晰。

有时则需要利用与背景中某些图案相同的色光来消除干扰，如图 4-8（b）所示，用相同颜色的红光消除易拉罐上的红色字，从而方便检测易拉罐的上表面。

（a）PCB 板绿色背景，白光照射　　　　　　　（b）PCB 板绿色背景，红光照射

图 4-7　光源颜色对 PCB 板的影响

 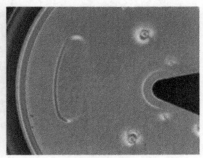

（a）白光照射　　　　　　　　　　　　（b）红光照射

图 4-8　光源颜色对易拉罐上表面的影响

　　由光学知识可以知道，测量时使用的光线波长越短，可测的精度越高，蓝色光由于波长较短，因此可以在图像中捕获微小划痕，漫射光容易使被检对象的边缘模糊，因此通常使用蓝色同轴光检测物体表面的微小划痕，如图 4-9 所示。

图 4-9　使用蓝色同轴光检测塑料表面划痕

　　红外光由于波长较长，穿透性好，因此可用于一些透射的场合。如图 4-10（a）所示，需要能显现瓶盖和瓶颈之间的缝隙；如图 4-10（b）所示，需要透视塑料包装袋，两组图中左边的图像是在普通可见光下获得的成像效果，右图是在红外光下获得的成像效果。

　　除了上述几种颜色性质的光之外，紫外线也是一种常用的检测光。它可以激发被检测物体发出荧光，从而拍摄到可见光不能照射到的特征，如图 4-11 所示。

（a）瓶盖高度检测（左为普通光源，右为红外线）

（b）颗粒度检测（左为普通光源，右为红外线）

图 4-10　红外光应用案例

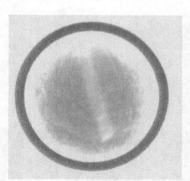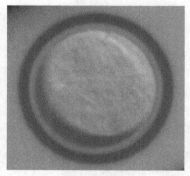

（a）紫外线　　　　　　　　　（b）普通光源

图 4-11　用紫外线检测测孕试纸

（2）结构的设计

光源的结构如传播路径、照射角度、形状等都会影响成像效果，可根据检验的特征（瑕疵、形状、存在 / 不存在等）、被测物的表面状态（平整、翘曲或不平等）、被测物的尺寸以及安装条件等设计光源的结构。

① 传播路径。根据光源中光线的传播路径可以将光源分为直射光和漫射光，如图 4-12 所示。其中，直射光是指发光元件的发射光线直接照射物体表面，强度大，反差大，被摄体表面有明显的受光面和背光面，产生较黑的阴影和较硬的边线，适合棱角分明的被摄体。但直射光容易产生局部高光光斑，会成为最终数字图像中的干扰噪声。

而采用漫射光时，由于在发光器件前放置了中间介质（如毛玻璃），所以可以达到更为均匀的照射效果，进而避免因直接照射产生的局部高亮点。但漫射光也有其自身的缺陷，在某些情况下可能会使所成图像的边缘虚化，尤其当被摄体带有倒角或是圆角边缘时，如图 4-13 所示。在这种情况下，采用平行光源配合相应的镜头可以有效解决边缘虚化的问题。

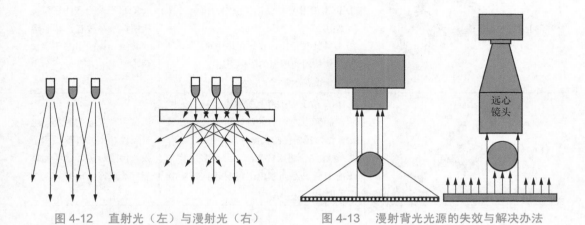

图 4-12　直射光（左）与漫射光（右）　　　　图 4-13　漫射背光光源的失效与解决办法

② 照射角度。入射光的照射角度也会对图像的最终成像效果造成一定的影响。如图 4-14 所示，物体表面的字符是通过刻蚀或铸压的方式形成的，当用不同角度的光线照射时，所产生的图像效果也不相同。

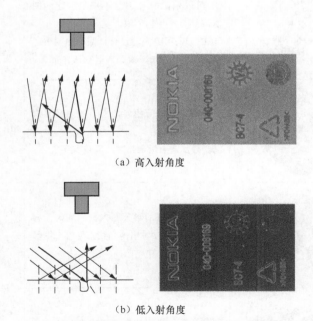

（a）高入射角度

（b）低入射角度

图 4-14　不同入射角度对成像质量的影响

③ 形状。不同形状光源的特点不同，应用领域也会有所不同，表 4-2 列出了不同形状光源的特点和应用，可根据具体的应用场合选择合适的光源形状。

表 4-2　　　　　　　　　　　　　　　　　　　光源的形状、特点及应用

形状	图例	特点	应用
环形光源		① 提供不同照射角度、不同颜色组合，更能突出物体的三维信息； ② 高密度发光二极管（LED）阵列，亮度高； ③ 多种紧凑设计，节省安装空间； ④ 可解决对角照射的阴影问题； ⑤ 可选配漫射板导光，使光源均匀扩散	PCB基板检测，集成电路（IC）元件检测，显微镜照明，液晶校正，塑胶容器检测，集成电路印字检测等
背光源		① 用高敏度LED阵列提供高强度背光照明，能突出物体的外形轮廓特征，尤其适合作为显微镜的载物台； ② 通过红白两用背光源、红蓝多用背光源能调配出不同颜色，满足不同被测物多色要求	机械零件尺寸的测量，电子元件、IC的外形检测，胶片污点检测，透明物体划痕检测等
条形光源		① 较大方形结构的被测物的首选光源； ② 颜色可根据需求搭配，自由组合，照射角度也可随意调整	金属表面检查，图像扫描，表面裂缝检测，LED面板检测等
同轴光源		① 可以消除物体表面不平整引起的阴影，从而减少干扰； ② 部分采用分光镜设计，减少光损失，提高成像清晰度，均匀照射物体表面	适宜于反射率极高的物体，如金属、玻璃、胶片、晶片等表面的划伤检测，芯片和硅晶片的破损检测，基准点定位，包装条码识别等
自动光学检测（AOI）专用光源		①不同角度的三色光照明，照射凸显焊锡三维信息； ②当外加漫射板导光时，可减少反光	电路板焊锡检测
球积分光源		具有积分效果的半球面内壁，均匀反射从底部360°发射出的光线，使整个图像的照度十分均匀	曲面、凹凸表面、弧形表面检测，或金属、玻璃表面、反光较强的物体表面检测
线性光源		超高亮度，采用柱面透镜聚光，适合于各种流水线的连续检测场合	线阵相机照明专用，AOI检测，镀膜和玻璃表面破损、内部杂质检测

续表

形状	图例	特点	应用
点光源		① 大功率的LED，其体积小，发光强度高； ② 可作为光纤卤素灯的替代品，尤其适合作为镜头的同轴光源灯； ③ 具有高效散热装置，延长了光源的使用寿命	用于作为圆心镜头，也可用于芯片检测，基准点定位，晶片及液晶玻璃底基校正
组合条形光源	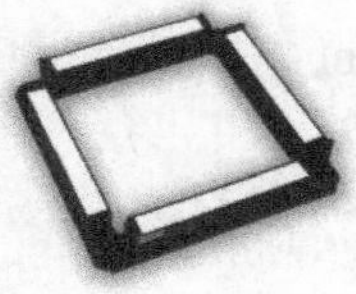	① 四边配置条形光，每边的照明独立可控； ② 可根据被测物要求调整所需照明角度，适用性广	PCB基板检测，IC元件检测，焊锡检查，基准点定位，显微镜照明，包装条形码照明，球形物体照明等
对位光源		①对位速度快； ②视场大； ③精度高； ④体积小，便于检测集成； ⑤亮度高，可选配辅助环形光源	主要应用在全自动电路板印刷机对位的照明

下面通过一个具体案例进行光源的设计。

　　水果果料是水果深加工行业的用料，常作为罐头和果冻等食品的原料。为了灭菌和保鲜，果料需经液体浸泡。虽然企业在食品加工中有许多卫生措施，但果料在切割、清洗、烫泡、输送、分料、罐装、封口等诸多加工过程中仍可能会混进诸如头发、纤维丝、金属屑、碎纸、塑料屑等异物，而且由于果料表面带有水分，黏附的异物不易去除，因而严重影响果品观感及卫生。而采用人工目检的方法对果料进行筛选，效率非常低，且人眼的生理特点很容易造成误判和漏判。为此需设计一种基于机器视觉原理的果料在线自动检测与异物剔除系统，可检测多种如椰果、白桃、苹果等切成块状的湿态果料。该系统的框架结构如图4-15所示。

　　下面针对该案例给出一个光源选择方案。

（1）光源类型选择

光源可分为自然光源和人工光源，考虑到自然界光照的复杂性以及检测系统要求的稳定性，在机器视觉检测中通常采用人工光源，其中最常使用的有荧光灯、卤素灯、LED（发光二极管）光源等几种类型。表4-3给出了几种主要光源的特性比较。

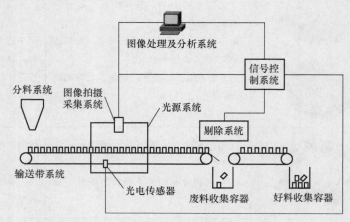

图4-15　果料异物自动检测系统框架结构

表4-3　　　　　　　　　　　　　　　　视觉系统常用光源特性比较

类型	成本	亮度	稳定性	寿命	形状可设计性	温度影响
荧光灯	低	低	差	一般	差	一般
卤素灯	高	高	一般	短	一般	大
LED光源	一般	一般	好	长	好	小

　　由于本系统是对生产线上运动中的果料进行在线检测，果料形状和表面反光情况复杂，以及系统需要适应24h连续运行，综合考虑，选择LED类型的光源。LED光源的特点：光源形状的自由度高，可定制性强；可选颜色丰富；可靠、坚固、耐冲击、使用寿命长；响应速度快，可高频闪，利于拍摄动态物体；节能环保。

　　（2）光源颜色选择

　　自身不发光的物体之所以表现出颜色是因为它反射特定波长的光而吸收其他波段的光，所表现出的颜色取决于它所反射的特定光波波长。若用与物体自身颜色相同的单色光照射物体，反射最为强烈；如果将某种单色光照射在与其颜色互补的物体上，则被完全吸收不反射。在机器视觉应用中，常常利用这个光学特性来选择照明颜色，突出需要的目标，消隐不需要的画面干扰元素。本系统需要检测各种类型的水果果料，每种果料的颜色都不相同，而黏附的异物颜色更是千变万化，为了保证所有颜色都不丢失，不造成漏检，获得最大的适应性，本系统选择白色光源与彩色相机搭配。

　　（3）光源结构设计

　　果料具有一定的高度，当光源从顶部直接照射果料时，果料会在输送带上投下阴影（见图4-16（a）、图4-16（b）和图4-17（a）、图4-17（b）），这会对图像处理中，果料轮廓的提取造成很大的困难；由于果料湿润且表面并不平整，采用单一光源照明时，会在果料表面上形成许多无规则的反光区域（见图 4-16(a)、图 4-16(b) 和图 4-17(a)、图 4-17(b)），在图像处理时，这些高光区域光斑很容易被当成异物而造成误判。基于以上两点，本系统的光源子系统采用了 LED 漫光灯箱设计，如图 4-18 所示。在一个相对封闭的棱柱箱体的内壁顶面及 4 个侧面均设有由 LED 组成的面状光源，在光源上加装了漫光板。漫光板的作用在于引导光的散射方向，改善面状光源的均匀性。漫光板由丙烯塑料压制而成，在其底面有用网版印刷方式印上的扩散点，这些扩散点高反射不吸光。当光线入射到疏密、大小不一的扩散点时，反射光向各个角度散射，叠加后由漫光板正面射出均匀光线。果料在箱体内被均匀照明，同时灯箱也形成了一个屏蔽外界环境光线干扰的封闭拍照环境，故可获得无阴影、无反光的良好图像效果（见图 4-16(c) 和图 4-17(c)）。

（a）LED 从顶部直接照射　　　（b）日光灯管从顶部直接照射　　　（c）LED 漫光灯箱照射

图 4-16　光源对椰子果料阴影和反光拍摄效果的影响

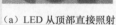

（a）LED 从顶部直接照射　　　（b）日光灯管从顶部直接照射　　　（c）LED 漫光灯箱照射

图 4-17　光源对水蜜桃果料阴影和反光拍摄效果的影响

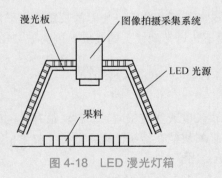

图 4-18　LED 漫光灯箱

三、视觉系统设计实践

在搬运工作站中使用的料块有 3 种类型：圆形、正方形和长方形，为了识别它们的形状，选用工业视觉系统。该视觉系统的采集部分包括工业相机、镜头以及光源等；图像处理部分包括视觉采集卡以及图像处理器。需要对视觉系统中的视觉采集部分进行选型设计。

1. 相机

在相机选型中首先确定相机的分辨率，分辨率的大小决定了相机的精度。相机分辨率的计算公式如下。

$$F = \frac{FOV}{D} \tag{4-2}$$

式中：F 为相机的分辨率；FOV 为相机的视场；D 为相机的精度。

该工作站的视觉系统的精度识别要求为 $D=0.2mm$，根据该参数选择合适的分辨率。长方形工件的长度为 60mm，因此

$$FOV_1 \geqslant 60mm \tag{4-3}$$

相机在长度方向的分辨率为

$$F_1 = \frac{FOV_1}{D} \geqslant 300 \tag{4-4}$$

相机在宽度方向的分辨率则根据圆形工件的直径（45mm）进行计算。

$$F_w = \frac{FOV_w}{D} \geqslant 225 \tag{4-5}$$

假设宽度方向的分辨率等于长度方向的分辨率，则需要的像素为

$$PX = F_1 \times F_w \geqslant 67\ 500 \tag{4-6}$$

选用的相机中像素的最小数值为 30 万，因此先预选用该种像素的相机。在工作站中，视觉系统只是用来检测物体的形状，不需要识别颜色，因此选用黑白相机即可。为了使拍摄效果更好，选用 CCD 芯片。综上，预选用相机的感光芯片为 1/3 英寸的（X_1 为 4.8mm，X_w 为 3.6mm）的 CCD 芯片。

2. 镜头

在选用镜头时，首先需确定镜头的尺寸，由于相机的尺寸为 1/3 英寸，因此该工作站选用镜头的尺寸也为 1/3 英寸。

镜头尺寸确定后，就需选择合适的焦距，焦距的长短决定了被摄物在成像介质（胶片或CCD 等）上成像的大小。由于传送带到镜头的高度范围为 $H=210 \sim 225mm$，所以镜头的焦距为

$$f = \frac{X \cdot H}{FOV} \tag{4-7}$$

当镜头的视野区域和料块长度或宽度相同时，料块很难被定位到与视野区域重合，位置可能靠前也可能靠后。为了使料块能在镜头的视野范围完整显示，要使视野的区域大于料块的长度，因此先在长度方向上选用

$$FOV_1' = 85mm \tag{4-8}$$

这样得到镜头的焦距范围为

$$f_1 = \frac{X_1 \cdot H_1}{FOV_1'} = \frac{4.8 \times 210}{85} = 11.86(mm)$$

$$f_2 = \frac{X_l \cdot H_2}{FOV_1'} = \frac{4.8 \times 225}{85} = 12.7 (\text{mm})$$

$$f = 11.86 \sim 12.7\text{mm} \tag{4-9}$$

先假设选用焦距为 12mm 的镜头。根据该焦距可得镜头在宽度方向的视场为

$$FOV_w' = 63 \sim 67.5\text{mm} \tag{4-10}$$

在宽度上的视场方位大于 45mm，符合要求。同时，实际的像素为

$$PX' = F_1' F_w' = \frac{FOV_1'}{D} \cdot \frac{FOV_w'}{D} = 133\,875 \sim 143\,438 \tag{4-11}$$

因为 PX' 小于预选相机像素，所以焦距为 12mm 的镜头可以满足要求。

3. 光源

为了使物块的特征表现得更明显，并且成像更加稳定，需要在视觉中加入光源使物体的轮廓更加容易分辨。对于光源光谱的选择，由于工作站中的料块有深色和浅色两种色度，为了保证颜色不丢失，选用白光照射。

对于光源结构的设计，由于工作站中视觉系统仅是对料块轮廓形状的检测，采用直射光即可，且料块做了棱角倒钝处理，采用漫射光可能会出现边缘虚化的问题，影响系统对形状检测的准确度。因照射角度对料块轮廓的影响不大，可不用考虑。又因料块表面做了去毛刺处理，料块表面光整，反射率高，且为了保证料块表面显示的一致性，使光源能均匀照射到物体表面，同时考虑到背光光源在该工作站中较难添加，故选用同轴光源。

综上对光源设计的分析，该工作站最终选取同轴光源进行正面照明，且为白光照射。

在选定相机、镜头和光源之后，视觉系统通过相机将获取的图像传到视觉处理器进行放大和转换，最终将图像信息以数字量的方式存储下来。视觉处理器识别料块之后，将识别信息传送给 PLC 处理和运用。

[思考与练习]

1. 视觉系统主要组成部分包括_____、_____、_____、_____、_____等。
2. 请分别简述光源、镜头以及相机的选型方法。

任务二　输送模块设计

【任务描述】

接下来就是输送模块的设计，即将工件输送到固定位置用于检测、剔除和码垛。输送模块的设计主要是对控制电动机的选择。

【任务学习】

一、初识控制电动机

电动机的主要功能是使执行机构产生特定的动作，根据用途可以将电动机分为驱动电动

微课

初识控制电动机

机和控制电动机两类。驱动电动机主要是为设备提供动力，对于位置精度的控制能力较低，主要用于电动工具、家电产品以及通用的小型机械设备等。控制电动机不仅提供动力，而且能够精确控制电动机的驱动参数等，如位置、速度、动力等。它一般分为步进电动机和伺服电动机两类。在机器人集成系统中，只有工件到达指定位置的定位精度较高时，机器人才能对工件进行重复操作，在某些工艺中需要控制工件受到的力矩，例如，卷丝机中丝线受到的拉力必须恒定，才能使卷出来的丝美观不凌乱，而且好整理。

1．步进电动机

步进电动机是一种将数字式电脉冲信号转换成机械位移（角位移或线位移）的机电执行元件，如图4-19所示。它的机械位移与输入的数字脉冲有严格的对应关系，即一个脉冲信号可以使电动机前进一步，所以称为步进电动机。因为步进电动机的输入是脉冲电流，所以又被称为脉冲电动机。

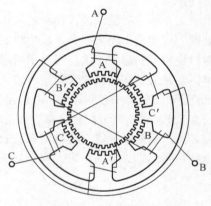

图4-19　步进电动机

步进电动机主要用于开环位置控制系统中。采用步进电动机的开环系统，结构简单，调试方便，工作可靠，成本低。当然采取一定的相应措施以后，步进电动机也可以用于闭环控制系统和转速控制系统中。

（1）步进电动机的主要优点

① 能直接实现数字控制，数字脉冲信号经环形分配器和功率放大器后，可直接控制步进电动机，无需任何中间转换。

② 控制性能好，位移量与脉冲数成正比，可用开环方式驱动而无须反馈，能快速、方便地启动、反转和制动。速度与脉冲频率成正比，改变脉冲频率就可以在较宽的范围内调节速度。

③ 无电刷和换向器。

④ 抗干扰能力强，在负载能力范围内，步距角和转速不受电压大小、负载大小和波形的影响，也不受环境条件，如温度、电压、冲击和振动等影响，仅与脉冲频率有关。

⑤ 无累积定位误差。每转一周都有固定的步数，在不丢步的情况下运行，其步距误差不会长期积累。

⑥ 具有自锁能力（磁阻式）和保持转矩（永磁式）能力，可重复堵转而不损坏。

⑦ 机械结构简单、坚固耐用，并且相对于同等规格的伺服电动机，价格便宜很多。

（2）步进电动机的缺点

① 运动增量或步距角是固定的，在步进分辨率方面缺乏灵活性。

② 采用普通驱动器时效率低，相当大一部分的输入功率转为热能耗散掉。

③ 在单步响应中有较大的超调量和振荡。

④ 承受惯性负载的能力较差。

⑤ 开环控制时，摩擦负载增加了定位误差（误差不积累）。

⑥ 输出功率较小，因为步进电动机在每一步运行期间都要将电流输入或引出电动机，所以对于需要大电流的大功率电动机来说，控制装置和功率放大器都会变得十分复杂、笨重和不经济。所以步进电动机的尺寸和功率都不大。

⑦ 转速不够平稳。

⑧ 运行时有时会发生振荡现象，需要加入阻尼机构或采取其他特殊措施。

⑨ 目前主要用于开环系统中，用于闭环控制时所用元件和线路比较复杂。

⑩ 不能把步进电动机直接接到普通的交直流电源上运行，必须配备驱动器（包括环形分配器），因而驱动器成本较高。

2. 伺服电动机

伺服电动机可以分为直流伺服电动机和交流伺服电动机，它们的驱动都是由伺服驱动器完成的。直流伺服电动机输出功率较大，一般可以达到几百瓦，而交流伺服电动机的输出功率较小，一般为几十瓦。

（1）直流伺服电动机

直流伺服电动机是一种用于运动控制的电动机，如图 4-20 所示，它的转子的机械运动受输入电信号控制，并做快速反应。直流伺服电动机的工作原理、结构和基本特性与普通直流电动机没有原则性区别，但是为了满足控制系统的需求，在结构和性能上做了一些改进，具有如下特点。

① 采用细长的电枢以便降低转动惯量，其惯量是普通直流电动机的 $1/3 \sim 1/2$。

② 具有优良的换向性能，在大的峰值电流冲击下仍能确保良好的换向条件。

③ 机械强度高，能够承受住巨大的加速度造成的冲击力作用。

④ 电刷一般都安放在几何中性面，以确保正、反转特性对称。

为了适应控制系统的需要，直流伺服电动机的类型也在不断发展。目前应用的直流伺服电动机除了传统式的直流伺服电动机外，还有低惯量直流伺服电动机、宽调速直流伺服电动机等。

（2）交流伺服电动机

交流伺服电动机也是一种用于运动控制的电动机，常用的交流伺服电动机主要是两相伺服电动机，如图 4-21 所示。它的转子主要有笼型转子和非磁性空心杯转子两种。其定子绕组是两相绕组，使用的是两相交流电源。定子的两相绕组分别称为励磁绕组和控制绕组，很多情况下它们具有相同的匝数，但有时也可能具有不同的匝数。两相绕组在空间上相差 90°电角度。

与普通驱动用微型异步电动机相比，两相伺服电动机具有下列特点。

① 调速范围大。伺服电动机的转速随着控制电压的改变能在较大的范围内连续调节，而普通异步电动机稳定运行的区域较小。

② 在运行范围内，伺服电动机的机械特性和调节特性接近线性关系。这与两相伺服电动机的转子电阻大有关。

③ 当控制电压为 0 时，伺服电动机应立即停转，也就是无"自转"现象，而普通异步电动机在运转以后，即使在单相电压下仍可继续运转。

④ 快速响应，机电时间常数小。两相伺服电动机采用细长的转子，转子惯量小，转子电阻大，使堵转转矩高，起动转矩高，起动速度快，从而满足时间常数小的要求。

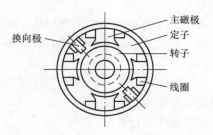

图 4-20 直流伺服电动机结构图

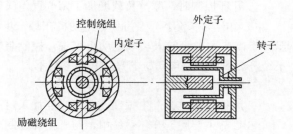

图 4-21 两相伺服电动机

步进电动机和伺服电动机的差距是比较大的，如表 4-4 所示。

表 4-4　　　　　　　　　　　　　　步进电动机和伺服电动机的比较

参数	步进电动机系统	伺服电动机系统
力矩范围	中小力矩（一般在20N·m以下）	小中大，全范围
速度范围	低（一般在2 000r/min以下，大力矩电动机小于1 000r/min）	高（可达5 000r/min），直流伺服电动机可达1～2r/min
控制方式	主要是位置控制	多样化控制方式，位置、转速、转矩控制方式
平滑性	低速时有振动（细分型驱动器可改善）	好，运行平滑
精度	一般较低，细分型驱动时较高	高（和反馈装置的分辨率有关）
矩频特性	高速时，力矩下降较快	力矩特性好，特性较硬
过载特性	过载时会失步	可3～10倍过载（短时）
反馈方式	大多数为开环控制，也可接编码器	闭环控制，编码器反馈，可以防止失步
编码器类型	光电型旋转编码器	增量型、绝对值型、旋转变压器型
响应速度	一般	快
耐振动	好	一般（旋转变压器型，可耐振动）
温升	一般	较好
维振性	基本可以免维护	较好
价格	低	高

二、控制电动机选型方法

控制电动机规格大小的选定需要按照电动机所驱动的机构特性而定，即电动机输出轴负载惯量大小、机构的配置方式、效率和摩擦力矩等。如果没有负载特性及数据，又没有可供参考的机构，就很难决定控制电动机的规格。

确定驱动机构特性之后，需要计算出负载惯量以及希望的旋转加速度，才能推算出加/减速需要的转矩。由机构安装形式及摩擦力矩推算出匀速运动时的负载转矩；然后推算停止运动时的保持转矩，最后根据转矩选择合适的电动机。

1. 伺服电动机的选用

每种型号电动机的规格选项内均有额定转矩、最大转矩及电动机惯量等参数，各参数与负载转矩及负载惯量间必定有相关联系存在，选用电动机的输出转矩应符合负载机构的运动条件要求，如加速度、机构的重量、机构的运动方式（水平、垂直、旋转）等；运动条件与电动机输出功率无直接关系，但是一般电动机的输出功率越高，相对输出转矩也会越高。

微课

伺服电动机的选用

选择伺服电动机规格时，可以按照下列步骤进行。

（1）依据运动条件要求选用合适的负载惯量计算公式，计算出机构的负载惯量。

由于机构经加速或减速后，所要计算的惯量有所不同，传动元件本身产生的惯量也必须计算在内，如图 4-22 所示，其负载惯量计算如下：

$$J_{L} = J_{11} + (J_{21} + J_{22} + J_{A}) \times \left(\frac{N_2}{N_1}\right)^2 + (J_{31} + J_{B}) \times \left(\frac{N_3}{N_1}\right)^2 \tag{4-12}$$

式中：J_L 为转换到电动机轴上的负载转动惯量（简称负载惯量）；J_A、J_B 分别为负载 A、B 的转动惯量；$J_{11} \sim J_{31}$ 为减速齿轮的惯量；$N_1 \sim N_3$ 为各轴的旋转速度。

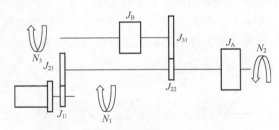

图 4-22　传动机构

从式（4-12）可以看出，经减速后，惯量为减速后与减速前速度之比的平方倍，速度减小则惯量变小，速度增大则惯量变大。

（2）依据负载惯量与电动机惯量选出合适的电动机规格。

通常依据负载惯量的计算结果预选合适电动机规格。电动机数据表内提供了相关参数，建议选用电动机转动惯量大于负载惯量的 1/10。但事实上，如果电动机运动定位频率高，电动机惯量必须提高至负载惯量的 1/3 以上，这是因为运动定位频率较高时，需要较短的加速时间来配合，而惯量较大的电动机通常有较大的输出转矩，可以更快地加速，减少加速时间；如果运动定位频率低，电动机惯量小于 1/10 的负载惯量也可以使用。

选用电动机转动惯量的建议比例并非绝对的，而且电动机的规格也不会密集到可选用的电动机转动惯量正好符合要求，如需要大于负载惯量 1/10 的电动机转动惯量，但数据表中最恰当的电动机转动惯量为负载惯量的 1/4 以上，这也是合理的选用范围。

（3）结合初选的电动机惯量与负载惯量，计算出加速转矩及减速转矩。

加 / 减速时间及转矩的关系如图 4-23 所示。

由于加 / 减速转矩计算公式中包含电动机本身的转动惯量，在电动机规格未确定时，可依据建议比例初步选定一种电动机规格，将其转动惯量值代入公式计算出加 / 减速转矩，再验证所选用的电动机规格是否适用；如果不适用，再选用其他型号电动机进行验算，直到符合条件为止。

由电动机转动惯量、负载惯量及依据用户要求设置控制器的加 / 减速时间与最高转速，可由下列公式推算出电动机需要输出的加 / 减速转矩。

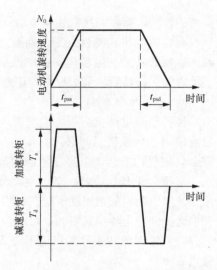

$$T_a = \frac{(J_M + J_L) \times N_0}{9.55 \times 10^4 \times t_{psa}}$$

$$T_d = \frac{(J_M + J_L) \times N_0}{9.55 \times 10^4 \times t_{psd}} \tag{4-13}$$

图 4-23　加 / 减速时间及转矩的关系

式中：T_a 为电动机需要输出的加速转矩；T_d 为电动机需要输出的减速转矩；J_L 为负载惯量；J_M 为电动机转动惯量；N_0 为电动机转速；t_{psa} 为加速时间，在该段时间内，电动机转速由 0 加速到 N_0；t_{psd} 为减速时间，在该段时间内，电动机转速由 N_0 减速到 0。

在此需要注意的是，加 / 减速时间在设计系统初期配合运行效率预先确定，再根据它们计算加 / 减速转矩，进而选择电动机规格。不要先选择电动机规格再确定加 / 减速时间，否则可能无法达到期望的运行效率，或者超出需求规格太多，增加不必要的成本。

（4）依据负载重量、配置方式、摩擦系数、运行效率计算出负载转矩。

匀速运动时，需要转矩来克服摩擦力及外力造成的负载转矩。下列情况可供计算时选用。

① 滚珠丝杠驱动。滚珠丝杠驱动系统如图 4-24 所示。

图 4-24　滚珠丝杠驱动系统

滚珠丝杠驱动系统的负载转矩计算如下：

$$T_L = \left(\frac{F P_B}{2\pi\eta} + \frac{\mu_0 F_0 P_B}{2\pi} \right) \cdot \frac{1}{i} \tag{4-14}$$

$$F = F_A + m \cdot g (\sin\theta + \mu \cdot \cos\theta)$$

式中：F 为运行方向负载（N）；F_0 为预负载（N）；μ_0 为预压螺母的内部摩擦系数；i 为机构的减速比；P_B 为滚珠丝杠的导程（m/r）；F_A 为外力（N）；m 为工作台及工作物的总质量（kg）；θ 为倾斜角度；μ 为滑动面的摩擦系数；g 为重力加速度（m/s²）；η 为效率。

② 滑轮驱动。滑轮驱动系统如图 4-25 所示。

滑轮驱动系统的负载转矩计算如下：

$$T_L = \frac{\mu \cdot F_A + m \cdot g}{2\pi} \cdot \frac{\pi \cdot D}{i} = \frac{(\mu \cdot F_A + m \cdot g) D}{2i} \tag{4-15}$$

式中：μ 为滑动面的摩擦系数；i 为机构的减速比；F_A 为外力（N）；m 为工作台及工作物的总质量（kg）；g 为重力加速度（m/s^2）；D 为最终段滑轮直径（m）。

③皮带输送。皮带输送系统如图 4-26 所示。

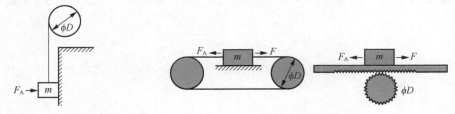

图 4-25 滑轮驱动系统　　　　　　　图 4-26 皮带输送系统

皮带输送系统的负载转矩计算如下：

$$T_L = \frac{F}{2\pi \cdot \eta} \cdot \frac{\pi \cdot D}{i} = \frac{F \cdot D}{2\eta \cdot i}$$
$$F = F_A + m \cdot g\left(\sin\theta + \mu \cdot \cos\theta\right)$$

（4-16）

式中：F 为运行方向负载（N）；i 为机构的减速比；D 为最终段滑轮直径（m）；F_A 为外力（N）；m 为工作台及工作物的总质量（kg）；θ 为倾斜角度；μ 为滑动面的摩擦系数；g 为重力加速度（m/s^2）；η 为效率。

（5）初选电动机的最大输出转矩必须大于必要转矩，如果不符合条件，必须选用其他型号的电动机重新计算验证，直至符合要求。

实际运行中，电动机加速时的运动转矩一般都大于减速时的运动转矩，因此电动机的最大输出转矩只要能大于加速时的运动转矩，则必然大于减速时的运动转矩；如果减速时间较加速时间短，减速转矩就可能超过加速转矩，则减速时的运动转矩将超过加速时的运动转矩，此时电动机的最大输出转矩需能够满足减速时的运动转矩要求，如图 4-27 所示。

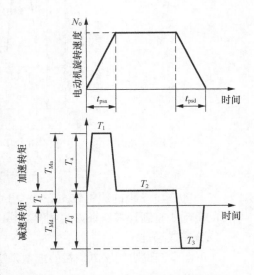

图 4-27 加/减速时间与运动转矩的关系

根据图 4-27 可得

$$T_1 = T_{Ma} = T_a + T_L$$
$$T_M = \left(T_a + T_L\right)S_f$$
$$T_2 = T_L$$
$$T_3 = T_{Md} = -T_d + T_L$$

（4-17）

式中：T_1（T_{Ma}）为电动机加速时的运动转矩；T_M 为必要转矩；T_2 为电动机匀速时的运动转矩，即负载转矩 T_L；T_3（T_{Md}）为电动机减速时的运动转矩，S_f 为安全系数。选用电动机的最大输出转矩必须大于加速时的运动转矩 T_1。

（6）依据负载转矩、加速转矩、减速转矩及保持转矩，计算出连续瞬时负载转矩。

电动机实际运行及停止时输出的转矩是随时间变化的，因此必须计算出连续瞬时负载转矩，选用的电动机额定转矩必须大于连续瞬时负载转矩。调整加/减速时间、降低加/减速转矩，可以使连续瞬时负载转矩小于电动机额定转矩（不同于最大输出转矩）。

加/减速时间与瞬时负载转矩的关系如图 4-28 所示。连续瞬时负载转矩的计算如下：

$$T_{rms} = \sqrt{\frac{T_{Ma}^2 \cdot t_{psa} + T_L^2 \cdot t_c + T_{Md}^2 \cdot t_{psd} + T_{LH}^2 \cdot t_l}{t_f}} \tag{4-18}$$

式中：T_{rms} 为电动机的连续瞬时转矩；t_c 为匀速时间；T_{LH} 为电动机的保持转矩；t_l 为电动机的停止时间；t_f 为电动机的运行周期。

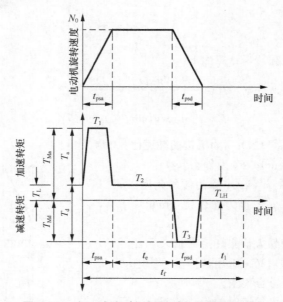

图 4-28　加/减速时间与瞬时负载转矩的关系

（7）初选电动机的额定转矩必须大于连续瞬时转矩，如果不符合条件，就必须选用其他型号的电动机重新计算验证，直到符合要求。

（8）完成选定。

下面举例说明伺服电动机的选型方法。

滚珠丝杠驱动的水平运动平台如图 4-29 所示，质量为 20kg，电动机每转一圈，丝杠移动 4mm（经减速齿轮减速 1/2 后），滚珠丝杠惯量为 5.88kg·cm²，减速齿轮惯量可忽略不计。希望加速时间为 0.2s，匀速时间为 1s，减速时间为 0.2s，停止时间为 2s，需要选用适当的伺服电动机。

计算步骤如下。

① 计算惯量。

平台的转动惯量为

$$J_{LO} = W \times \left(\frac{\Delta S}{2\pi}\right)^2 = 20 \times \left(\frac{4}{2\pi}\right)^2 = 8.1(kg \cdot mm^2) = 0.81\left(kg \cdot cm^2\right) \tag{4-19}$$

式中：W 为平台的质量；ΔS 为伺服电动机每转一周时直线物体的移动量，即丝杠导程。

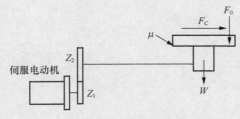

图 4-29　滚珠丝杠平台

滚珠丝杠经减速后的转动惯量为

$$J_{LS} = J_S \times N_S^2 = 5.88 \times 0.5^2 = 1.47\left(\text{kg} \cdot \text{cm}^2\right) \tag{4-20}$$

式中：J_S 为滚珠丝杠惯量；N_S 为减速齿轮减速比。

又由于减速齿轮惯量忽略不计，因此总负载惯量为

$$J_L = J_{LO} + J_{LS} = 0.81 + 1.47 = 2.28(\text{kg} \cdot \text{cm}^2) \tag{4-21}$$

如果按照大于 1/10 负载惯量选用电动机，则据此预先选用的电动机的惯量 $J_M = 0.35\text{kg} \cdot \text{cm}^2$，最大转矩为 1.9N·m，额定转矩为 0.64N·m，额定转速为 3 000r/min。

② 计算负载转矩。

因为滚珠丝杠的预紧力和倾斜角度都为 0，则滚珠丝杠的负载转矩为

$$T_L = \left(\frac{\left[F_C + \mu Wg\right]\Delta S}{2\pi\eta} + \frac{\mu_0 F_0 \Delta S}{2\pi} \right) = \frac{\mu Wg \Delta S}{2\pi\eta}$$

$$= \frac{0.1 \times 20 \times 9.8 \times 4 \times 10^{-3}}{2 \times \pi \times 0.8} = 0.0156(\text{N} \cdot \text{m}) \tag{4-22}$$

其中沿运动方向上的作用力 $F_C = 0$N，运动部分受到的外力 $F_0 = 0$N，摩擦系数 $\mu = 0.1$，驱动部分的运动效率 $\eta = 0.8$。

③ 计算加速转矩。

根据式（4-21），负载惯量为 $J_L = 1.551\text{kg} \cdot \text{cm}^2$，又由电动机惯量为 $J_M = 0.35\text{kg} \cdot \text{cm}^2$，电动机转速为 $N_0 = 3\ 000$r/min，加速时间为 $t_{psa} = 0.2$s，则加速转矩为

$$T_a = \frac{\left(J_L + J_M\right) \times N_0}{9.55 \times 10^4 \times t_{psa}} = \frac{(1.551 + 0.35) \times 3000}{9.55 \times 10^4 \times 0.2} = 0.298(\text{N} \cdot \text{m}) \tag{4-23}$$

④ 与选用的电动机转矩比较。

工作台的加速转矩与负载转矩的和比电动机的最大转矩（1.9N·m）小，因此所用电动机的规格符合要求。

⑤ 计算连续瞬时转矩。

加 / 减速时间 $t_{psa} = t_{psd} = 0.2$s，匀速时间 $t_c = 1$s，停止时间 $t_1 = 2$s，因此整个运行周期为 $t_f = 0.2 + 1 + 0.2 + 2 = 3.4$（s），由于加速时间与转速时间相同，则加速转矩与减速转矩相等，即 $T_a = T_d = 0.298$N·m，负载转矩 $T_L = 0.0156$N·m，保持转矩为 $T_{LH} = 0$，所以连续瞬时转矩为

$$T_{rms} = \sqrt{\frac{T_{Ma}^2 \cdot t_{psa} + T_L^2 \cdot t_c + T_{Md}^2 \cdot t_{psd} + T_{LH}^2 \cdot t_l}{t_f}}$$

$$= \sqrt{\frac{(0.298+0.0156)^2 \times 0.2 + 0.0156^2 \times 1 + (-0.298+0.0156)^2 \times 0.2 + 0^2 \times 2}{3.4}} \qquad (4\text{-}24)$$

$$= 0.103(N \cdot m)$$

可知连续瞬时转矩小于电动机的额定转矩（**0.64N·m**），因此选用的电动机规格符合额定转矩要求。

2. 步进电动机的选用

步进电动机没有输出功率指标，只有激磁时的最大静止转矩，其与伺服电动机的最大输出转矩、额定转矩无法相提并论。相同机构的运动，如用步进电动机替换伺服电动机达到相同的目的，必须重新选用步进电动机，运行条件也必须修改，而无法单纯用对照方式将电动机替换。

微课
步进电动机的选用

选用步进电动机时，推荐按照下列步骤进行。

① 查明负载机构的运动条件要求，如加/减速、运动速度、机构的重量、机构的运动方式等。

② 依据运动条件要求选用合适的负载惯量计算公式，计算出机构的负载惯量。

③ 依据负载惯量与电动机惯量选出适当的电动机规格。

④ 结合初选的电动机惯量与负载惯量，计算出加速转矩及减速转矩。

⑤ 依据负载重量、摩擦系数、运行效率等计算出负载转矩。

⑥ 必要转矩必须符合选用电动机的运行转矩特性曲线及启动转矩特性曲线，如果不符合条件，就必须选用其他型号或改变运行条件计算验证，直至符合要求。

⑦ 选定完成。

由上述步骤可以看出，步进电动机的选用与伺服电动机很相近，同样要求选用电动机的输出转矩符合负载机构的运动条件要求，如加速度、机构的重量、机构的运动方式等，不同点在于，伺服电动机的转矩选择方式为根据必要转矩和瞬时负载转矩来匹配电动机的最大输出转矩和额定转矩，而步进电动机则需要用运行转矩特性曲线和启动转矩特性曲线匹配其必要转矩。

步进电动机的输出转矩随转速增加而减小，电动机的转速-转矩特性曲线必须准确，才能使电动机工作在有效的范围内，而每种型号的步进电动机都有不同的特性曲线，不能互换使用。在选择步进电动机时，在最大同步转矩范围内，选用根据运行速度 N_M 与必要转矩 T_M 表示的运行领域内的电动机，如图4-30所示。当必要转矩超过最大同步转矩时会造成步进电动机超载，影响电动机寿命。

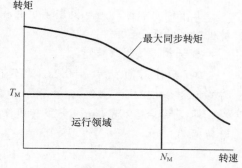

图 4-30　步进电动机转速与转矩关系

三、控制电动机选型实践

搬运工作站需要用传送带运输料块，传送带通过电动机驱动。由于该教学用工作站传送带的速度变化频率不高，选用步进电动机即可满足要求。

微课

控制电动机选型
实践

由于减速齿轮和皮带轮的惯量都很小，根据负载惯量计算公式可知，总负载惯量值也会较小，进而可初步选用小惯量的电动机。由加/减速转矩公式可知，当负载惯量和电动机惯量都不大时，得到的加/减速转矩也就不大。由于工件质量较小，对传送带带动工件运输的力的要求也就不大，进而由负载转矩计算公式得知，得到的负载转矩值较小。因为必要转矩为加/减速转矩与负载转矩之和，所以得到的必要转矩较小，进而对电动机的最大同步转矩的要求不大。

综上可知，因为对电动机的惯量和最大同步转矩的要求都不高，所以选用轻型的步进电动机即可满足要求。该工作站使用雷赛公司生产的步进电动机，其供电接口如表 4-5 所示。

表 4-5　　　　　　　　　　　　　步进电动机供电接口

名称	功能
GND	直流电源地
+V	直流电源正极，范围20～50V，推荐值24～48V（DC）
A+、A-	电动机A相线圈
B+、B-	电动机B相线圈

步进电动机控制信号接口如表 4-6 所示。

表 4-6　　　　　　　　　　　　　　控制信号接口

名称	功能
PUL+（5V） PUL-（PUL）	脉冲控制信号：脉冲上升沿有效；高电平时为4～5V，低电平时为0～0.5V；为了可靠响应脉冲信号，脉冲宽度应大于1.2μs；采用12V或24V时，需串接电阻
DIR+（5V） DIR-（DIR）	方向信号：高/低电平信号，为保证电动机可靠换向，方向信号应先于脉冲信号至少5μs建立。电动机的初始运行方向与电动机的接线有关，互换任一相（如A+、A-交换）可以改变电动机初始运行的方向。高电平时为4～5V，低电平时为0～0.5V
ENA+（5V） ENA-（ENA）	使能信号：此输入信号用于使能或禁止。ENA+接5V，ENA-接低电平（或内部光耦导通）时，驱动器将切断电动机各相的电流使电动机处于自由状态，此时步进电动机脉冲不被响应。不需用此功能时，使能信号端悬空即可

在该单台工作站中，步进电动机与控制器的接线采用共阴极接法，如图 4-31 所示。

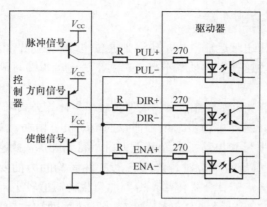

图 4-31　共阴极接法

[思考与练习]

　　1. 简述步进电动机的工作原理，并写出步进电动机的优缺点（优缺点各至少 3 条）。
　　2. 简述伺服电动机的工作原理，并写出伺服电动机的优缺点（优缺点各至少 3 条）。

项目总结

　　本项目完成了系统集成中工件检测模块的设计，工件检测模块是系统集成的重要组成部分，通过该项目的学习，掌握了送料模块的设计方法、视觉系统的选型方法，以及电动机的选型方法。项目四的技能图谱如图 4-32 所示。

图 4-32　项目四技能图谱

拓展训练

　　项目名称：机器人自动化抓取料工作站。

设备动作流程：整齐排列在喷粉线上的滤清器工件（外形尺寸为 ϕ60mm×80mm），从高温喷粉箱里出来，经过支撑杆导向系统时，部分有倾斜的支撑杆会被纠正，使其朝同一个方向倾斜，视觉系统检测滤清器工件位置，给出信号，机器人带动真空吸盘抓手抓取滤清器工件，按预编轨迹把工件转运至冷却线，将工件放下，带动真空吸盘抓手回到预设位置，等待下一个信号，以此循环。

工艺说明：工作节拍为 60 次 /min；抓取方式为用真空吸盘，一件一件抓取。

工作环境：电源为三相，50Hz±1Hz，380V；工件表面温度为 60 ～ 180℃；工作环境温度为 -10 ～ 60℃；工作湿度为小于等于 90%，不结露。

设备简述：1 个机器人工作站，设备满足 24h 3 班连续作业工作能力。本工作站主要包括并联机器人、机器人配套视觉系统、支撑杆导向机构、真空吸盘抓手系统、系统集成控制柜等。

设计要求：设计该工作站的视觉系统。

格式要求：用 Word 文档提交，以 PPT 形式展示。

考核方式：提交设计说明书（纸质版、电子版均可），并于课内讲解 PPT，时间要求 5 ～ 10min。

评估标准：机器人自动化抓取料工作站拓展训练的评估表见表 4-7。

表 4-7　　　　　　　　　　　　　　　　拓展训练评估表

项目名称：机器人自动化抓取料工作站	项目承接人：	日期：
项目要求	**评分标准**	**得分情况**
总体要求（100分） 详细说明该工作站视觉系统中各组成部分的选用原因及计算过程		
评价人	**评价说明**	**备注**
教师：		

项目五
控制系统模块设计

项目引入

　　我将设计好的各模块都安装到工作台上，但是有些模块无法执行相应动作，正在担心是否是之前的模块设计工作哪部分做错了。这时Philip 朝我走过来。

　　Philip："现在该进行控制模块的设计了。在搬运工作站中，送料模块和废料剔除模块，就需要使用气缸推送物料；料库和料井是否有料、物料是否到达检测位置以及物料是否到达码垛位置等，都需要选用合适的传感器进行检测。而这些动作的执行又都需要通过 PLC 进行监测与控制。"

　　我："就是说，现在要进行的项目是设计气动系统，并选择合适的传感器和 PLC。"

　　通过这个项目的学习，我掌握了控制系统模块的设计方法。

知识图谱

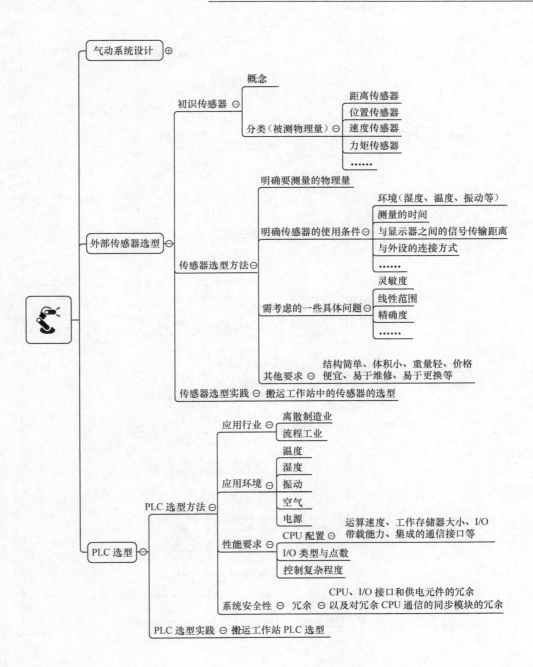

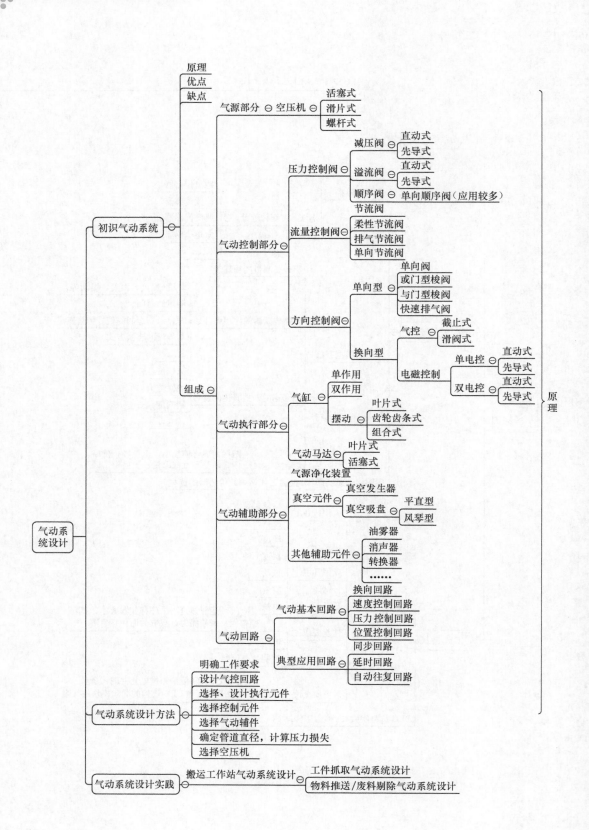

任务一　气动系统设计

【任务描述】

　　工作站上的物料推送和废料剔除等都是采用气动系统控制，而我之前对于气动系统几乎没有接触，所以，在设计气动系统之前，应初步认识气动系统，了解气动系统的组成，以及各组成部件的功能，之后探讨各部件如何进行选型和设计，最终设计出搬运工作站的气动系统部分。

【任务学习】

一、初识气动系统

　　气动系统是工业机器人系统中的辅助系统，经常用于末端执行器的动作和其他辅助设备的动作等。气动系统的工作原理是利用空气压缩机将电动机或其他原动机输出的机械能转变为空气的压力能，然后在控制元件的控制和辅助元件的配合下，通过执行元件把空气的压力能转变为机械能，从而完成直线或回转运动并对外做功。

　　气动系统相对于其他传动系统有显著的优点：气动系统的工作介质一般为空气，取之不尽、用之不竭，排放的方式简单，不污染环境，而且处理成本较低；气动元件的结构简单，并且在操作方面也比较简单；气动技术在与其他学科技术（计算机、电子、通信等）结合时有良好的相容性和互补性，如工控机、气动伺服定位系统、现场总线、模块化的气动机械手等。

　　气动系统也有其自身的缺点：空气具有可压缩性，当载荷变化时，气动系统的动作稳定性差，可以采用气液联动装置解决此问题；工作压力较低（一般为 0.4 ～ 0.8MPa），又因结构尺寸不宜过大，导致输出功率较小；气信号传递的速度比光、电的速度慢，不宜用于要求高传递速度的复杂回路中，但对一般机械设备，气动信号的传递速度是能够满足要求的；排气噪声大，需加消声器。

　　气动系统一般包括气源部分（气压发生装置）、气动控制部分（控制元件）、气动执行部分（执行元件）、气动辅助部分（辅助元件）四大类，如图 5-1 所示。

1. 气源部分

　　气源部分是产生气动系统所需的清洁压缩空气的设备，主要以空气压缩机（简称空压机）为开始，流量阀、压力阀和压力表为保障，经过冷却、过滤、干燥和排水等过程为气动系统提供相对纯净的压缩空气。

　　空压机的作用是将电能转换成为压缩空气的压力能，供气动元件使用。空压机可以分为活塞式空压机、滑片式空压机以及螺杆式空压机。

　　（1）活塞式空压机

　　活塞式空压机是最常见的空压机形式，如图 5-2 所示。当活塞向右移动时，气缸内活塞左腔的压力低于大气的压力，吸气阀开启，外界空

微课

空压机的认识

气进入缸内，这个过程称为"吸气过程"。当活塞向左移动时，缸内气体被压缩，这个过程称为"压缩过程"。当缸内压力高于输出管道内压力后，排气阀被打开，压缩空气输送至管道内，这个过程称为"排气过程"。活塞的往复运动是由电动机带动曲柄转动，通过连杆带动滑块在滑道内移动的，这样活塞杆便带动活塞做直线往复运动，如图5-2所示。

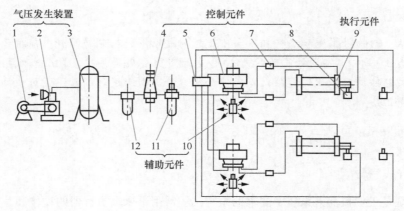

图 5-1　气动系统组成

1—电动机　2—空压机　3—储气罐　4—压力控制阀　5—逻辑元件　6—方向控制阀

7—流量控制阀　8—机控阀　9—气缸　10—消声器　11—油雾器　12—空气过滤器

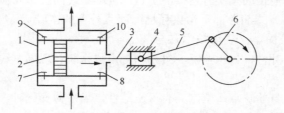

图 5-2　活塞式空压机工作原理图

1—气缸　2—活塞　3—活塞杆　4—滑块　5—连杆　6—曲柄　7、8—进气口　9、10—出气口

图5-2所示的空压机是单级活塞式空压机，常用于需要0.3～0.7MPa压力范围的系统。单级空压机压力过高时，产生的热量太大，使得空压机的工作效率太低，故常使用双级活塞式空压机，如图5-3所示。

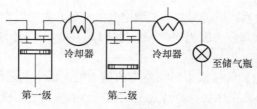

图 5-3　双级活塞式空气压缩机

（2）滑片式空压机

滑片式空压机的空气端主要由转子和定子组成，其中转子上开有纵向的滑槽，滑片在其

中自由滑动；定子为一个气缸，转子在定子中偏心放置，如图 5-4 所示。当转子旋转时，滑片在离心力的作用下甩出并与定子通过油膜紧密接触，相邻两个滑片与定子内壁间形成一个封闭的空气腔——压缩腔。转子转动时，压缩腔的体积随着滑片滑出量的大小而变化。在吸气过程中，空气经由过滤器被吸入压缩腔，并与喷入主机内的润滑油混合。在压缩过程中，压缩腔的体积逐渐缩小，压力升高，之后油气混合物通过排气口排出。

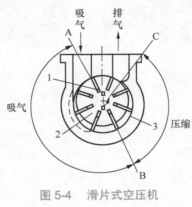

图 5-4　滑片式空压机

1—滑片　2—转子　3—定子

（3）螺杆式空压机

我们通常所说的螺杆式空压机即指双螺杆空压机，它的基本结构如图 5-5 所示。螺杆式空压机的工作循环可分为进气过程（包括吸气和封闭过程）、压缩过程和排气过程，随着转子旋转，每对啮合的齿相继完成相同的工作循环。

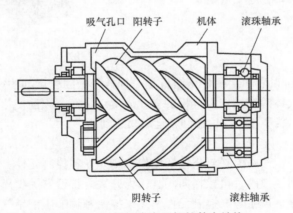

图 5-5　双螺杆式空压机的基本结构

进气过程：如图 5-6（a）所示，转子转动时，阴阳转子的齿沟空间在转至进气端壁开口时，其空间最大，此时转子齿沟空间与进气口相通，因在排气时齿沟的气体被完全排出，所以排气完成时，齿沟处于真空状态，当转至进气口时，外界气体即被吸入，沿轴向进入阴阳转子的齿沟内。当气体充满整个齿沟时，转子进气侧端面转离机壳进气口，在齿沟的气体即被封闭，如图 5-6（b）所示。

压缩过程：如图 5-7 所示，在进气结束时，阴阳转子齿尖会与机壳封闭，此时气体在齿沟内不再外流。其啮合面逐渐向排气端移动。啮合面与排气口之间的齿沟空间渐渐减小，齿沟内的气体被压缩而压力提高。

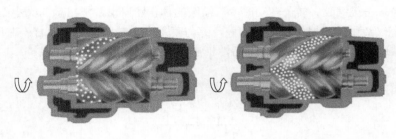

（a）吸气过程 　　　　　　　　　　　　　（b）封闭过程

图 5-6　进气过程

排气过程：如图 5-8 所示，当转子的啮合端面转到与机壳排气口相通时，被压缩的气体开始排出，直至齿尖与齿沟的啮合面移至排气端面，此时阴阳转子的啮合面与机壳排气口的齿沟空间为 0，即完成排气过程。在此同时，转子的啮合面与机壳进气口之间的齿沟长度又达到最长，进气过程再次进行。

图 5-7　压缩过程

图 5-8　排气过程

从上述工作原理可以看出，螺杆压缩机是一种转子做回转运动的容积式气体压缩机械。气体的压缩依靠容积的变化来实现，而容积的变化又是借助压缩机的一对转子在机壳内做回转运动来达到的。

2. 气动控制部分

气动控制部分包括操作检测元件和控制元件。操作检测元件分为手动换向阀、机控换向阀、压力开关、接近开关、压力传感器、流量传感器、按钮等。控制元件是用来控制和调节压缩空气的压力、流量和方向的，使气动执行机构获得必要的力、动作速度和运动方向，并按规定的程序工作。气动控制元件按功能可分为压力控制阀、流量控制阀、方向控制阀。

（1）压力控制阀

压力控制阀根据构造的不同分为直动式和先导式（内部先导、外部先导）、膜片式和座阀式（平衡截止阀芯）。压力控制阀根据机能的不同分为溢流式和非溢流式、普通式和精密式。常用的压力控制阀有减压阀、溢流阀、顺序阀。

① 减压阀

减压阀是气动系统中的压力调节元件。在气动系统中，一般是由压缩机将空气压缩，储存在储气罐内，然后经管路输送给气动装置使用，储气罐的压力一般比设备实际需要的压力高，并且压力的波动也较大，在一般情况下，需采用减压阀来得到压力较低并且稳定的供气。减压阀可以分为直动式和先导式两种。

图5-9（a）为直动式减压阀的结构原理图。输入气流经P_1进入阀体，经阀口2节流减压后从P_2口输出，输出出口的压力经过阻尼孔4进入膜片室，在膜片上产生向上的推力，当出口P_2的压力瞬时增高时，作用在膜片上向上的作用力增大，有部分气流经溢流口和排气口排出，同时减压阀在复位弹簧1的作用下向上运动，关小节流减压口，使出口压力降低。调节手轮8就可以调节减压阀的输出压力。采用两个弹簧调压的目的是使调节的压力更稳定。

图5-9（b）为某先导式减压阀的结构原理图。与直动式减压阀相比，该阀增加了由喷嘴10、挡板11、固定节流口5及气室组成的喷嘴挡板放大环节。当喷嘴与挡板之间的距离发生微小变化时，会使气室中的压力发生很明显的变化，从而引起膜片6有较大的位移，控制阀芯4上下移动，使进气阀口3开大或关小，提高了对阀芯控制的灵敏度，也就提高了阀的稳压精度。

减压阀使用时的一般安装顺序：按气流的流动方向首先安装空气过滤器，其次是减压阀，最后是油雾器。注意气流方向，要按减压阀或定值器上所示的箭头方向安装，不得把输入、输出口接反。减压阀可安装在任意位置，但最好安装在垂直方向，即手柄或调节帽在顶上，以便操作。每个减压阀一般装一只压力表，压力表安装方向以方便观察为宜。

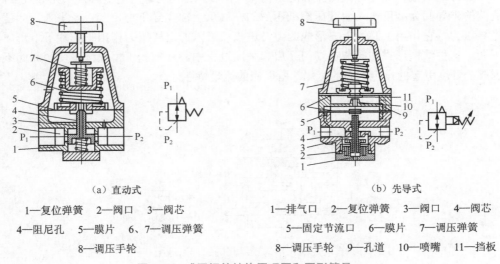

（a）直动式

1—复位弹簧 2—阀口 3—阀芯
4—阻尼孔 5—膜片 6、7—调压弹簧
8—调压手轮

（b）先导式

1—排气口 2—复位弹簧 3—阀口 4—阀芯
5—固定节流口 6—膜片 7—调压弹簧
8—调压手轮 9—孔道 10—喷嘴 11—挡板

图5-9 减压阀的结构原理图和图形符号

② 溢流阀

气动溢流阀在气动系统中起安全保护作用。当系统压力超过规定值时，打开溢流阀保证系统的安全。溢流阀在气动系统中又称安全阀。溢流阀可以分为直动式溢流阀和先导式溢流阀。

图5-10（a）为直动截止式溢流阀结构原理图和图形符号。当气动系统的气体压力在规定的范围内时，由于气压作用，在阀芯2的力小于调压弹簧3的预压力，所以活塞处于关闭状态。

当气动系统的压力升高，作用在活塞 5 上的力超过弹簧 3 的预压力时，阀芯 2 克服弹簧力向上移动，开启阀门排气，直到系统压力降至规定压力以下时，阀重新关闭。开启压力大小靠调压弹簧的预压缩量来实现；图 5-10（b）为直动膜片式溢流阀结构原理图，膜片式溢流阀由于膜片的受压面积比阀芯的面积大得多，阀门的开启压力与关闭压力较接近，即压力特性好，动作灵敏，但最大开启量比较小，所以流量特性差。

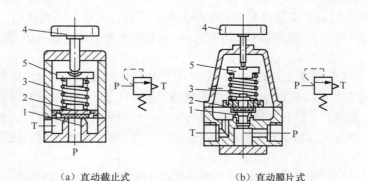

（a）直动截止式   （b）直动膜片式

图 5-10   气动控制直动式溢流阀的结构原理图和图形符号

1—阀套   2—阀芯   3—调压弹簧   4—调压手轮   5—活塞

图 5-11 为气动控制先导式溢流阀的结构原理图和图形符号。这是一种外部先导式溢流阀，溢流阀的先导阀为减压阀，由减压阀减压后的空气从上部先导压力控制口 4 进入，此压力称为先导压力，它作用于膜片上方形成的力与进气口进入的空气压力作用于膜片下方形成的力相平衡。这种结构形式的阀能在阀门开启和关闭过程中，使控制压力保持不变，即阀不会产生因阀的开度引起的设定压力的变化，所以阀的流量特性好。

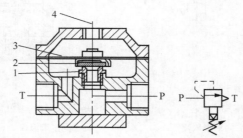

图 5-11   气动控制先导式溢流阀的结构原理图和图形符号

1—阀座   2—阀芯   3—膜片   4—先导压力控制口

③ 顺序阀

顺序阀是根据入口处压力的大小控制阀口启闭的阀。目前应用较多的是单向顺序阀。图 5-12 为单向顺序阀的结构原理图和图形符号。当气流从 P_1 口进入时，单向阀反向关闭，压力达到顺序阀调压弹簧 6 调定值时，阀芯上移，打开 P_1、A 通道。实现顺序打开；当气流从 P_2 口流入时，气流顶开弹簧刚度很小的单向阀，打开 P_2、P_1 通道，实现单向阀功能。

顺序阀根据装配结构的不同，可以实现不同的功能，如溢流阀和平衡阀的功能。

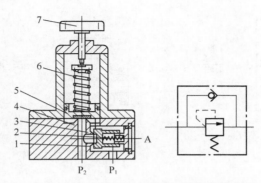

图 5-12　单向顺序阀的结构原理图和图形符号

1—单向阀芯　2—弹簧　3—单向阀口　4—顺序阀口　5—顺序阀芯　6—调压弹簧　7—调压手轮

（2）流量控制阀

流量控制阀通过改变阀口通流面积来调节阀口流量，从而控制执行元件运动速度。流量控制阀可以分为节流阀、柔性节流阀、排气节流阀及单向节流阀。

① 节流阀

节流阀原理很简单。节流口的形式有多种，常用的有针阀型、三角沟槽型和圆柱削边型等。图 5-13（a）所示为圆柱削边型阀口结构的节流阀。P 为进气口，A 为出气口，通过调节调压手轮，使气流经过节流阀芯，达到节流的目的。

② 柔性节流阀

柔性节流阀的结构如图 5-13（b）所示。其工作原理是依靠阀杆 1 夹紧柔韧的橡胶管 2 产生变形来减小通道的口径实现节流调速作用的。

③ 排气节流阀

排气节流阀安装在系统的排气口用来限制气流的流量，因为一般情况下还具有减小排气噪声的作用，所以常称为排气消声节流阀。图 5-13（c）为排气节流阀的结构原理图，靠调节三角形沟槽部分的开启面积大小来调节排气量，节流口的排气经过由消声材料制成的消声套，在节流的同时减少排气噪声，排出的气体一般通入大气。

④ 单向节流阀

图 5-13（d）为单向节流阀结构原理图和图形符号。其节流阀口为针型结构。气流从 P 口流入时，顶开单向密封阀芯 1，气流从阀座 6 的周边槽口流向 A，实现单向阀功能；当气流从 A 流入时，单向密封阀芯 1 受力向左运动紧抵单向截止阀口 2，气流经过节流口流向 P，实现反向节流功能。

用流量控制的方法调节气缸活塞的速度比液压困难，特别是在超低速的调节中用气动很难实现，但使用时如能充分注意下面几点，则在大多数场合，可使气缸调节速度达到比较满意的程度。

a. 调节气缸活塞的速度一般有进气节流和排气节流两种，但多采用后者，用排气节流比进气节流的方法稳定、可靠；

b. 采用流量控制阀调节气缸活塞速度时，气缸的速度不得低于 30mm/s；

c. 彻底防止管道中的漏损；

d. 要特别注意气缸内表面加工精度和表面粗糙度，尽量减少内表面的摩擦力；

e. 要始终使气缸内表面保持一定的润滑状态。

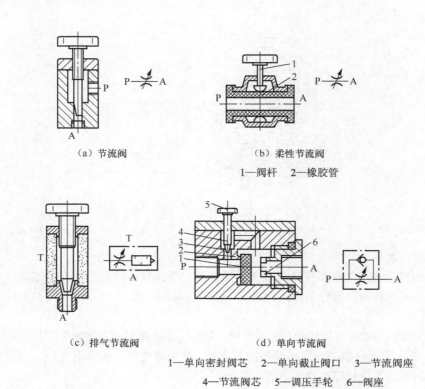

（a）节流阀　　　　　　　　　　（b）柔性节流阀

1—阀杆　2—橡胶管

（c）排气节流阀　　　　　　　　（d）单向节流阀

1—单向密封阀芯　2—单向截止阀口　3—节流阀座

4—节流阀芯　5—调压手轮　6—阀座

图 5-13　流量控制阀的结构原理图和图形符号

（3）方向控制阀

方向控制阀根据动作方式不同可以分为直动式和先导式；根据控制数不同可以分为单控制和双控制；根据阀芯结构不同可以分为滑柱式、座阀式、平衡座阀式和滑板式；根据切换通口数和阀芯的工作位置数不同可以分为二位二通、二位三通、二位四通、二位五通、三位三通、三位四通、三位五通；根据密封形式不同可以分为弹性密封和间隙密封。常用的方向控制阀可以分为单向型方向控制阀和换向型方向控制阀。

① 单向型方向控制阀

单向型方向控制阀包括单向阀、或门型梭阀、与门型梭阀和快速排气阀。

a. 单向阀的结构原理图如图 5-14（a）所示。其工作原理和图形符号与液压单向阀一致，只不过气动单向阀的阀芯和阀座之间是靠密封垫密封的。在气动系统中，单向阀是最简单的一种单向型方向阀，除单独作用外，还经常与流量阀、换向阀和压力阀组合成单向节流阀、延时阀和单向压力阀，广泛应用于调速控制、延时控制和顺序控制系统中。

b. 或门型梭阀的结构原理图和图形符号如图 5-14（b）所示。其工作特点是，从 P_1 或 P_2 通路单独通气，都能导通其与 A 的通路；当 P_1 和 P_2 同时通气时，哪端压力高，A 就和哪端相通，另一端关闭，其逻辑关系为"或"。在气动系统中，或门型梭阀多用于控制回路，特别是逻辑回路中，起逻辑或的作用，故又称为或门阀。

c. 与门型梭阀又称双压阀，结构原理图和图形符号如图 5-14（c）所示。其工作特点是只有 P_1 和 P_2 同时供气时，A 口才有输出；当 P_1 或 P_2 单独通气时，阀芯就被推至相对端，封闭截止型阀口；当 P_1 和 P_2 同时通气时，哪端压力低，A 口就和哪端相通，另一端关闭，其逻辑关系为"与"。在气动系统中，双压阀主要用于控制回路，对两个控制信号进行互锁，起逻辑与的作用，故又称与门阀。

d. 快速排气阀是为了加快气体排放速度而采用的气压控制阀，其结构原理图和图形符号如图 5-14（d）所示。当气体从 P 通入时，气体的压力使唇型密封圈右移封闭快速排气道 e，并压缩密封圈的唇边，导通 P 口和 A 口，当 P 口没有压缩空气时，密封圈的唇边张开，封闭 A 口和 P 口，A 口气体的压力使唇型密封圈左移，A、T 通过排气道 e 连通而快速排气。常将这种阀安装在气缸和换气阀之间，应尽量靠近气缸排气口，或直接拧在气缸排气口上，使气缸快速排气，提高生产效率。

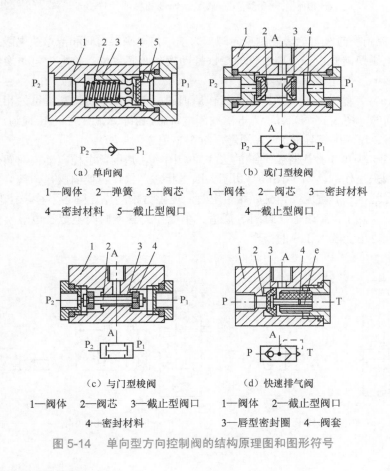

（a）单向阀

1—阀体 2—弹簧 3—阀芯
4—密封材料 5—截止型阀口

（b）或门型梭阀

1—阀体 2—阀芯 3—密封材料
4—截止型阀口

（c）与门型梭阀

1—阀体 2—阀芯 3—截止型阀口
4—密封材料

（d）快速排气阀

1—阀体 2—截止型阀口
3—唇型密封圈 4—阀套

图 5-14 单向型方向控制阀的结构原理图和图形符号

② 换向型方向控制阀

气动系统换向型方向控制阀按照控制方式的不同可分为气控换向阀和电磁控制换向阀。

a. 气控换向阀。气控换向阀按主阀结构不同，分为截止式和滑阀式两种主要形式。图 5-15 为二位三通单气控截止式换向阀的结构原理图和图形符号。图 5-15 所示为 K 口没有控制信号时的状态，阀芯 3 在弹簧 2 与 P 腔气压作用下右移，使 P 与 A 断开，A 与 T 导通；当 K 口有控制信号时，推动活塞 5 通过阀芯压缩弹簧打开 P 与 A 通道，封闭 A 与 T 通道。图 5-15 所示为常断型阀，如果 P、T 换接则成为常通型。因为这里的换向阀芯换位采用的是加压的方法，所以称为加压控制换向阀，相反情况则为减压控制换向阀。

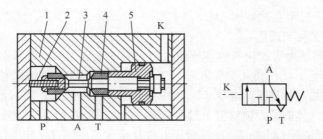

图 5-15　二位三通单气控截止式换向阀的结构原理图和图形符号

1—阀体　2—弹簧　3—阀芯　4—密封材料　5—控制活塞

　　b. 电磁控制换向阀。电磁控制换向阀分为单电控电磁换向阀和双电控电磁换向阀两类。

　　单电控电磁换向阀由一个电磁铁的衔铁推动换向阀芯移位。单电控电磁换向阀有单电控直动换向阀和单电控先导换向阀两种。

　　图 5-16（a）为单电控直动换向阀的工作原理图。它是靠电磁铁和弹簧的相互作用使阀芯换位实现换向的。图 5-16（a）所示为电磁铁断电状态，压缩弹簧导通 A、T 通道，封闭 P 通道；电磁铁通电时，压缩弹簧导通 P、A 通道，封闭 T 通道。

　　图 5-16（b）为单电控先导换向阀的工作原理图。它是用单电控直动换向阀作为气控主换向阀的先导阀来工作的。图 5-16（b）所示为断电状态，气控主换向阀在弹簧力的作用下，封闭 P 通道，导通 A、T 通道；当先导阀带电时，电磁力推动先导阀芯下移，控制压力 p_1 推动主阀芯右移，导通 P、A 通道，封闭 T 通道。单电控先导换向阀类似于电液换向阀，电磁力推动先导阀，适用于较大通径的场合。

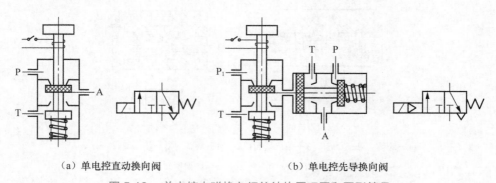

（a）单电控直动换向阀　　　　　　　　　　　　（b）单电控先导换向阀

图 5-16　单电控电磁换向阀的结构原理图和图形符号

　　双电控电磁换向阀由两个电磁铁的衔铁推动换向阀芯移位。双电控电磁换向阀有双电控直动换向阀和双电控先导换向阀两种。

　　图 5-17（a）为双电控直动换向阀的工作原理图。注意，两个电磁铁不能同时通电。这种换向阀具有记忆功能，即当左侧的电磁铁通电后，换向阀芯处在右端位置，当左侧电磁铁断电而右侧电磁铁没有通电时，阀芯仍然保持在右端位置。图 5-17（a）所示为左侧电磁铁通电的工作状态。

　　图 5-17（b）为双电控先导换向阀的工作原理。图 5-17（b）所示为左侧电磁铁通电的工作状态。双电控先导换向阀的工作原理与单电控先导换向阀类似。

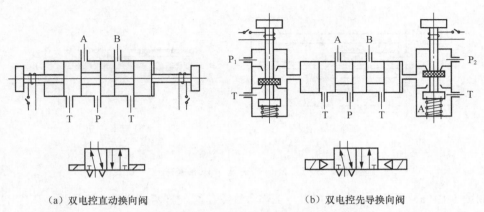

（a）双电控直动换向阀　　　　　　　　（b）双电控先导换向阀

图 5-17　双电控电磁换向阀的结构原理图和图形符号

3. 气动执行部分

气动执行部分包括控制元件和执行元件。其中执行元件是能够将压力能转化为机械能的一种传动装置，能驱动机构实现直线往复运动、摆动、旋转运动或夹持动作。气动执行元件根据润滑形式不同可以分为给油气动执行元件、无给油气动执行元件和无油润滑气动执行元件。根据运动和功能不同可以分为气缸、气动马达等。

（1）气缸

气缸是引导活塞在缸内进行直线往复运动的圆筒形金属机件，可以分为单作用气缸、双作用气缸和摆动气缸。

① 单作用气缸

单作用气缸只有一腔可输入压缩空气，实现一个方向的运动。其活塞杆只能借助外力将其推回，通常借助于弹簧力、膜片张力或重力等。单作用气缸的原理及结构如图 5-18 所示。

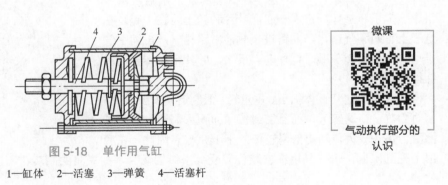

图 5-18　单作用气缸

1—缸体　2—活塞　3—弹簧　4—活塞杆

微课

气动执行部分的
认识

单作用活塞气缸经常用在推力及运动速度均要求不高的场合，如气吊、定位和夹紧等装置上。

② 双作用气缸

双作用气缸是指两腔可以分别输入压缩空气，实现双向运动的气缸。按其结构可分为双活塞杆式、单活塞杆式、双活塞式、缓冲式和非缓冲等。气动系统中最常使用的是双活塞杆双作用气缸，其原理和结构如图 5-19 所示。

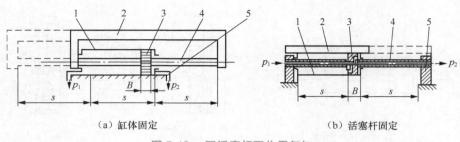

（a）缸体固定　　　　　　　　　　　　　　（b）活塞杆固定

图 5-19　双活塞杆双作用气缸

1—缸体　2—工作台　3—活塞　4—活塞杆　5—机架

如图 5-19（a）所示，缸体固定时，工作台等载荷与气缸两活塞杆连成一体，压缩空气依次进入气缸两腔（一腔进气，另一腔排气），活塞杆带动工作台左右运动，工作台运动范围等于气缸有效行程 s 的 3 倍。缸体固定的双活塞杆双作用气缸安装所占空间大，一般用于小型设备上。

如图 5-19（b）所示，活塞杆固定时，为管路连接方便，活塞杆制成空心，缸体与载荷（工作台）连成一体，压缩空气从空心活塞杆的左端或右端进入气缸两腔，使缸体带动工作台向左或向右运动，工作台的运动范围为气缸有效行程 s 的 2 倍。活塞杆固定的双活塞杆双作用气缸适用于中、大型设备。

双活塞杆气缸因两端活塞杆直径相等，故活塞两侧受力面积相等。当输入压力、流量相同时，其往返运动输出力及速度均相等。

③ 摆动气缸

摆动气缸用压缩空气作为动力源，驱动输出轴在小于 360°的角度范围内做往复摆动，输出力矩。常用的摆动气缸有叶片式摆动气缸、齿轮齿条式摆动气缸和组合式摆动气缸。

a．叶片式摆动气缸的结构原理如图 5-20 所示。它由叶片、转子（即输出轴）、定子、缸体和前后端盖等部分组成。定子和缸体固定在一起，叶片和转子连在一起。在定子上有两条气路，当左路进气时，右路排气，压缩空气推动叶片带动转子顺时针摆动。反之，叶片带动转子逆时针摆动。

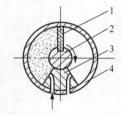

图 5-20　叶片式摆动气缸

1—叶片　2—转子　3—定子　4—缸体

叶片式摆动气缸体积小、重量轻，但制造精度要求高，密封困难，泄漏较大，而且密封接触面积大，密封件的摩擦阻力损失较大，输出效率较低，小于 80%。因此，在应用上受到限制，一般只用在安装位置受到限制的场合，如夹具的回转、阀门开闭及工作台转位等。

b．齿轮齿条式摆动气缸是通过连接在活塞上的齿条使齿轮回转的一种摆动气缸，其结构原理如图 5-21 所示。活塞仅做往复直线运动，摩擦损失少，齿轮传动的效率较高，此摆动气缸效率可达 95% 左右。

c．组合式摆动气缸也称带阀气缸，它是由气缸、换向阀等组成的一种组合式气动执行元件，如图 5-22 所示。它省去了连接管道和管接头，减少了能量损耗，具有结构紧凑、安装方便等优点。带阀气缸的阀有电控、气控、机控和手控等各种控制方式。阀的安装形式有安装在气缸尾部、上部等几种。图 5-22 所示的电磁换向阀安装在气缸的上部，当有电信号时，电磁阀被切换，输出气压可直接控制气缸动作。

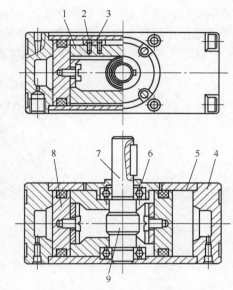

图 5-21 齿轮齿条式摆动气缸

1—齿条组件 2—弹簧柱销 3—滑块 4—端盖 5—缸体 6—轴承 7—轴 8—活塞 9—齿轮

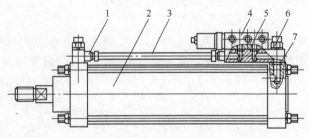

图 5-22 带阀组合气缸

1—管接头 2—气缸 3—气管 4—电磁换向阀 5—换向阀底板 6—单向节流阀组合件 7—密封圈

（2）气动马达

气动马达是用压缩空气作为动力源，产生旋转运动，将压缩空气的压力能转换为旋转的机械能的装置。在气压传动中使用广泛的是叶片式气动马达和活塞式气动马达。

① 叶片式气动马达

图 5-23 为双向旋转叶片式气动马达的工作原理图。压缩空气由 A 孔输入，小部分经定子两端的密封盖的槽进入叶片底部，将叶片推出，使叶片贴紧在定子内壁上，大部分压缩空气进入相应的密封空间而作用在两个叶片上。由于两叶片伸出长度不等，因此产生了转矩差，使叶片与转子按逆时针方向旋转，做功后的气体由定子上的孔 B 排出。若改变压缩空气的输入方向（即压缩空气由 B 孔进入，从 A 孔排出），则可改变转子的转向。

叶片式气动马达主要用于风动工具、高速旋转机械及矿山机械等。其耗气量比活塞式大，体积小，重量轻，结构简单。

② 活塞式气动马达

图 5-24 为活塞式气动马达的结构图。压缩空气经进气口进入分配阀后再进入气缸，推动活塞及连杆组件运动，再使曲柄旋转，同时带动固定在曲轴上的分配阀同步转动，使压缩空气随着分配阀角度位置的改变而进入不同的缸内，依次推动各个活塞运动，由各活塞及连杆带动曲轴连续运转。与此同时，与进气缸相对应的气缸处于排气状态。

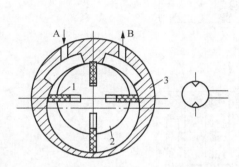

图 5-23　双向旋转叶片式气动马达　　　　　图 5-24　活塞式气动马达

1—叶片　2—转子　3—定子

微课
气动辅助部分的认识

4. 气动辅助部分

气动辅助部分用来净化气源以及执行其他辅助工作，它由气源净化装置、真空元件和其他辅助元件组成。

（1）气源净化装置

气源净化装置是产生具有足够压力和流量的压缩空气并将其净化、处理及储存的装置。常见的气源净化装置的组成如图 5-25 所示。

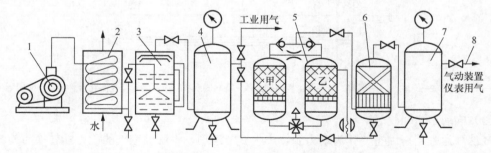

图 5-25　气源净化装置的组成示意图

1—空气压缩机　2—后冷却器　3—除油器　4、7—储气罐　5—干燥器　6—过滤器　8—输油管路

（2）真空元件

在低于大气压力下工作的元件称为真空元件，由真空元件组成的系统称为真空系统（或称为负压系统）。

① 真空发生器

真空发生器就是利用正压气源产生负压的一种新型、高效、清洁、经济、小型的真空元件。

真空发生器的结构原理如图 5-26 所示，其利用喷管高速喷射压缩空气，在喷管出口形成射流，产生卷吸流动。在卷吸作用下，喷管出口周围的空气不断地被抽吸掉，使吸附腔内产生负压腔，形成一定的真空度。

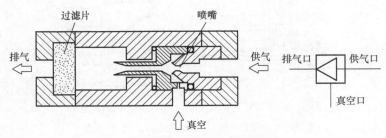

图 5-26　真空发生器的结构原理图

真空发生器按其结构组合形式分为普通真空发生器、带喷射开关的真空发生器和组合真空发生器 3 种。真空发生器按外形分，有盒式和管式两种。盒式在排气口带有消声器，管式没有消声器。真空发生器按性能分，有标准型和大流量型两种，标准型的最大真空度可达 88kPa，但最大吸入流量比大流量型的小。大流量型的最大真空度为 48kPa，但最大吸入流量比标准型的大，可用于吸吊有透气性的瓦楞硬纸之类的物体。

真空泵与真空发生器的工作原理类似。真空泵在吸入口形成负压，排气口直接通大气，两端压力比很大，用于抽除气体，其动力源是电动机或内燃机等。

真空发生器的传统用途是与吸盘配合搬运各种物料，尤其适合于吸附易碎、柔软、薄的、非金属材料或球形物体。这类应用的一个共同特点是所需的抽气量小，真空度要求不高且为间歇性工作。

②真空吸盘

真空吸盘是真空系统中的执行元件，用于将表面光滑且平整的工件吸起并保持住，柔软又有弹性的吸盘不会损坏工件。真空吸盘通常由橡胶材料与金属骨架压制而成，常用的吸盘有平直型和风琴型两种。

a. 平直型真空吸盘的结构原理如图 5-27（a）所示，其工作过程是，首先将真空吸盘通过接管与真空设备连接，然后与待提升物接触，启动真空设备抽吸，使吸盘内产生负气压，从而吸持住待提升物。当搬运待提升物到目的地时，平稳地充气进真空吸盘内，使真空吸盘内由负气压变成零气压或稍正的气压，真空吸盘脱离待提升物，从而完成物体的搬运。平直型真空吸盘适用于表面平整不变形的工件。

b. 风琴型真空吸盘的结构原理如图 5-27（b）所示，其工作原理与平直型真空吸盘相同。风琴型真空吸盘适应性较强，允许工件表面有轻微不平、弯曲和倾斜，同时在吸附工件的过程中有较好的缓冲性能。

真空吸盘需按照吸盘吸力大小来选用。真空吸盘的理论吸吊力 F 为

$$F = \frac{\pi}{4} D^2 \Delta P_u \tag{5-1}$$

式中：D 表示真空吸盘的有效直径，单位为 m；$\frac{\pi}{4} D^2$ 表示吸盘的有效吸着面积，单位为 m²；ΔP_u 表示真空度，单位为 kPa。

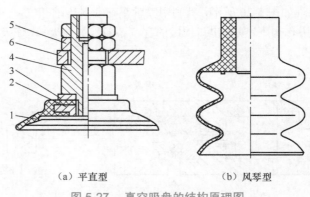

　　　　　　（a）平直型　　　　　　　　　（b）风琴型

图 5-27　真空吸盘的结构原理图

1—碟形橡胶吸盘　2—固定环　3—垫片　4—支撑杆　5—螺母　6—基板

　　真空吸盘的安装方式有螺纹连接（有外螺纹和内螺纹，无缓冲能力）、面板安装和用缓冲体连接。选用时应注意吸盘的安装方式，吸盘水平安装时，除了要吸持住工件负载外，还应考虑吸盘移动时工件的惯性力对吸力的影响；吸盘垂直安装时，吸盘的吸力必须大于工件与吸盘间的摩擦力。吸盘的实际吸吊力除考虑吸吊工件的重量及搬运过程中的运动加速度外，还应给予足够的余量，以保证吸吊的安全。对面积大的、重的、有振动的吸吊物或要求快速搬运的吸吊物，为防止吸吊物脱落，通常使用多个吸盘进行吸吊。使用 n 个同一直径的吸盘吸吊物体，其吸盘直径 D 可按式（5-2）选定。

$$D \geqslant \sqrt{\frac{4Wt}{\pi nP}} \tag{5-2}$$

式中：D 表示吸盘直径，单位为 mm；W 表示吸吊物重量，单位为 N；t 表示安全系数，水平吊时 $t \geqslant 4$，垂直吊时 $t \geqslant 8$；P 表示吸盘内的真空度，单位为 MPa。

　　（3）其他辅助元件

　　在气动控制系统中，还有许多其他辅助元件也是必不可少的，如油雾器、消声器和转换器。

　　① 油雾器

　　油雾器是气压系统中一种特殊的注油装置，其作用是把润滑油雾化后，经压缩空气携带进入系统中的各润滑部位，满足润滑的需要。图 5-28 所示为一次油雾器的结构原理图和图形符号。

　　② 消声器

　　消声器的作用是排除压缩气体高速通过气动元件排到大气时产生的刺耳噪声污染。图 5-29 所示为膨胀干涉吸收型消声器的结构原理图和图形符号。气流经过对称斜孔分成多束进入扩散室 A，然后膨胀，减速后与反射套碰撞，然后反射到 B 室，在消声器中心处，气流束互相撞击、干涉。当两个声波相位相反时，声波的振幅相互减弱达到消耗声能的目的。最后声波通过消声器内壁的消声材料，使残余声能由于消声材料的细孔相摩擦而变成热能，再次达到降低声强的效果。

　　③ 转换器

　　转换器是将电、液、气信号互相转换的辅件，用来控制气动系统工作。最常见的为气/电转换器，图 5-30 所示为低气压/电转换器结构原理图和图形符号。它是把气信号转换成电信号的元件。硬芯与焊片是两个常断触点。当有一定压力的气动信号由输入口进入后，膜片向上弯曲，带动硬芯与限位螺钉接触，即与焊片导通，发出电信号。气动信号消失后，膜片带动硬芯复位，触点断开，电信号消失。

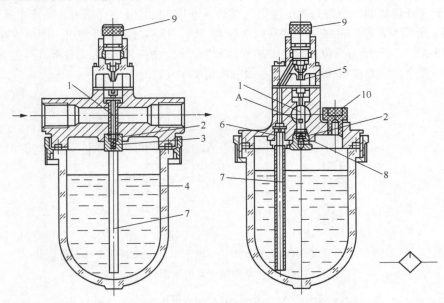

图 5-28　一次油雾器的结构原理图和图形符号

1—喷嘴　2—特殊单向阀　3—弹簧　4—储油杯　5—视油器　6—单向阀　7—吸油管　8—阀座　9—节流阀　10—油塞

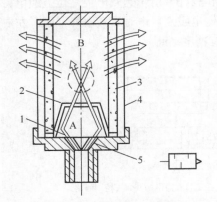

图 5-29　膨胀干涉吸收型消声器的结构
　　　　　原理图和图形符号

1—扩散室　2—反射套　3—吸音材料
4—套壳　5—对称斜孔

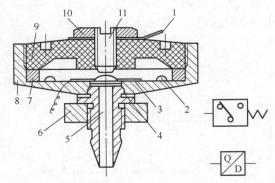

图 5-30　气 / 电转换器

1—焊片　2—硬芯　3—膜片　4—密封垫　5—气动信号输入孔
6、10—螺母　7—压圈　8—外壳　9—盖　11—限位螺钉

5. 气动回路

气动回路分为气动基本回路和典型应用回路。

（1）气动基本回路

气动基本回路分为换向回路、速度控制回路、压力控制回路、位置控制回路。

微课

气动回路的认识

① 换向回路

换向回路分为单作用气缸换向回路和双作用气缸换向回路。

a. 单作用气缸换向回路常用三位五通换向阀来控制单作用气缸的伸缩和在任意位置停止。气缸活塞杆运动的一个方向靠压缩空气驱动，另一方向靠外力（重力、弹簧力等）驱动。图 5-31（a）所示为常断二位三通电磁换向阀控制回路，通电时活塞杆伸出，断电时靠弹簧力返回。图 5-31（b）所示为三位五通电磁换向阀控制回路，控制气缸的换向阀带有全封闭的中间位置，可使气缸活塞停止在任意位置，但定位精度不高。

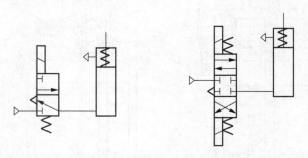

（a）常断二位三通电磁换向阀控制回路　（b）三位五通电磁换向阀控制回路

图 5-31　单作用气缸换向回路

b. 双作用气缸换向回路除用三位五通换向阀控制双作用缸的伸缩换向外，还可实现任意位置停止。图 5-32（a）所示为双电控二位五通电磁换向阀控制回路，换向电信号可为短脉冲信号，因此电磁铁发热少，并具有断电保护功能。图 5-32（b）所示为双电控三位五通电磁换向阀控制回路，左侧电磁铁通电时，活塞杆伸出；右侧电磁铁通电时，活塞杆缩回；左右两侧电磁铁同时通电时，活塞可停止在任意位置，但定位精度不高。

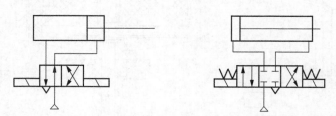

（a）双电控二位五通电磁换向阀控制回路　（b）双电控三位五通电磁换向阀控制回路

图 5-32　双作用气缸换向回路

② 速度控制回路

速度控制回路分为单作用气缸调速回路、单作用气缸快速返回回路、双作用气缸排气节流阀调速回路和缓冲回路。

a. 如图 5-33 所示，单作用气缸调速回路采用两个速度控制阀串联，用进气节流和排气节流分别控制活塞两个方向运动的速度。

b. 图 5-34 所示为单作用气缸快速返回回路，活塞伸出时为进气节流速度控制，返回时空气通过快速排气阀直接排至大气中，实现快速返回。

c. 如图 5-35 所示，双作用气缸排气节流阀调速回路采用二位五通阀，在阀的两个排气口分别安装节流阀。调节节流阀，即可控制气缸的排气速度，从而使活塞得到不同的运动速度。这种回路的特点是结构较简单。

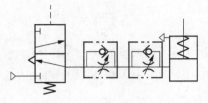

图 5-33　单作用气缸调速回路

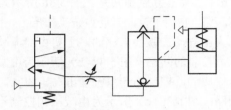

图 5-34　单作用气缸快速返回回路

图 5-36（a）所示为一种采用行程阀的缓冲回路，主控阀 1 左位接入时，活塞杆外伸，当高速伸出的活塞杆上的挡块压下行程阀 4 的滚轮后，机控换向阀关闭，气缸排气腔的气体只能经过单向节流阀 2 和主控阀 1 排入大气，气缸活塞减速。改变节流阀开度，可以调节缓冲速度，改变行程阀的安装位置可选择缓冲的起点，行程阀可根据需要调整缓冲行程。缓冲回路常用于惯性大的场合。

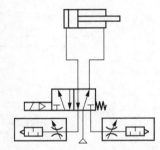

图 5-35　双作用气缸排气节流阀调速回路

图 5-36（b）所示为由快速排气阀、顺序阀和节流阀组成的缓冲回路，实现气缸在退回终端时的缓冲。主控阀 1 处于图示位置，气缸活塞向左退回，一开始排气腔压力较高，通过快速排气阀 6 的气体打开顺序阀 7，经节流阀 8 排入大气，排气压力快速下降。当接近行程终端时，因排气腔压力下降，顺序阀关闭，排气腔的气体只能经节流阀 5 和主控阀 1 排入大气，实现了气缸外部缓冲。图 5-36 所示的回路只是实现单向缓冲，若气缸两侧均安装此回路，则可实现双向缓冲。

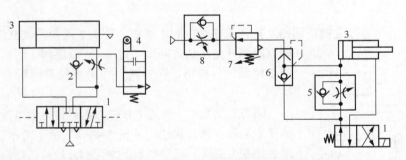

（a）采用行程阀的缓冲回路　　（b）采用快速排气阀、顺序阀和节流阀的缓冲回路

图 5-36　缓冲回路

1—主控阀　2—单向节流阀　3—气缸　4—行程阀　5、8—节流阀　6—排气阀　7—顺序阀

缓冲回路适用于气缸行程长、速度高、负载惯性大的场合。

③ 压力控制回路

a．一次压力控制回路。图 5-37 所示为一次压力控制回路，常采用外控制式溢流阀 1 来控制，也可用电接触式压力表 2 根据储气罐压力控制空压机的启停，一旦储气罐压力超过一

定值，溢流阀就起安全保护作用，从而使气罐内压力
保持在规定压力范围内。

　　b．二次压力控制回路。图 5-38 所示为二次压力
控制回路，它用于控制气动系统工作压力。图 5-38（a）
所示为由气动三联件组成的，主要由溢流减压阀来实
现压力控制的回路；图 5-38（b）所示为由减压阀和换
向阀构成的，控制同一系统输出高压为 p_1、低压为 p_2
的回路；图 5-38（c）所示为由减压阀控制不同系统输
出不同压力 p_1、p_2 的回路。

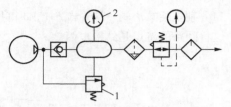

图 5-37　　一次压力控制回路

1—溢流阀　2—电接触式压力表

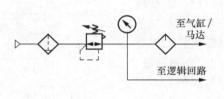

（a）由溢流减压阀控制压力

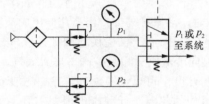

（b）由换向阀控制高低压力

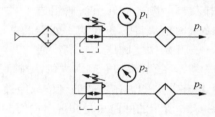

（c）由减压阀控制高低压力

图 5-38　　二次压力控制回路

　　图 5-39 所示为过载保护回路，正常工作时，阀 1 通电，使阀 2 换向，气缸活塞杆外伸。
如果活塞杆受压的方向发生过载，则顺序阀 4 动作，阀 3 切换，
阀 2 控制气体排出，在弹簧力作用下换至图示位置，活塞杆
缩回。

　　因为气动系统一般压力较低，所以往往通过改变执行元件
的受力面积来增加输出力。图 5-40（a）所示的串联气缸回路，
通过控制电磁阀的通电个数，来控制分段式活塞缸的活塞杆输
出推力。图 5-40（b）所示的气液增压器增力回路，利用气液
增压器 1 把较低的气压变为较高的液压力，提高了气液增压缸
2 的输出力。图 5-40（c）所示为冲击气缸回路，换向阀 1 得电，
冲击气缸下腔由快速排气阀 2 通大气，换向阀 3 在气压作用下
切换，储气罐 4 内的压缩空气直接进入冲击气缸，使活塞具有
的动能转换成很大的冲击力输出，减压阀 5 调节冲击力的大小。

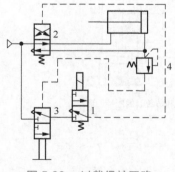

图 5-39　　过载保护回路

1、2、3—换向阀　4—顺序阀

　　④ 位置控制回路

　　a．串联气缸定位回路。图 5-41 所示为串联气缸定位回路，气缸由多个不同行程的气缸

串联而成。换向阀 1、2、3 依次得电和同时失电，可得到 4 个定位位置。

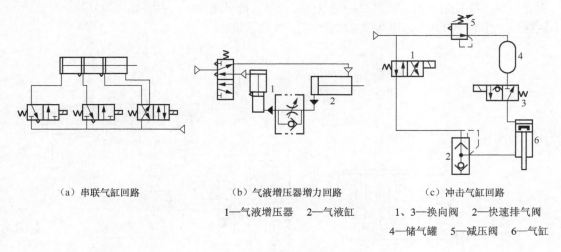

（a）串联气缸回路　　　　　　（b）气液增压器增力回路　　　　　　（c）冲击气缸回路

1—气液增压器　2—气液缸　　　　1、3—换向阀　2—快速排气阀

4—储气罐　5—减压阀　6—气缸

图 5-40　力控制回路

　　b．任意位置停止回路。图 5-42 所示为任意位置停止回路，当气缸负载较小时，可选择图 5-42（a）所示的回路，当气缸负载较大时，应选择图 5-42（b）所示的回路。当停止位置要求精确时，可选择气液阻尼缸任意位置停止回路。

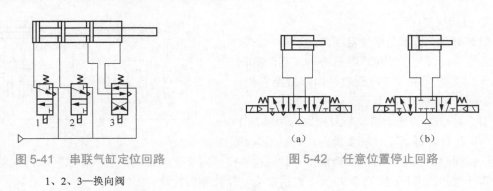

图 5-41　串联气缸定位回路　　　　　　图 5-42　任意位置停止回路

1、2、3—换向阀

（2）典型应用回路

典型应用回路分为同步回路、延时回路、自动往复回路等。

① 同步回路

图 5-43（a）所示为简单的同步回路，其采用刚性零件把两个尺寸相同的气缸的活塞杆连接起来，构成简单的同步回路。

图 5-43（b）所示为气液联动缸的同步回路，当三位五通电磁阀 3 的 A 侧通电时，压力气体经过管路流入气液联动缸 1、2 的气缸中，克服负载推动活塞上升。此时，在先导压力作用下，常开型二位二通阀关闭，使气液联动缸 1 的油缸上腔的油压入气液联动缸 2 的油缸下腔，从而使它们同步上升。当三位五通电磁阀 3 的 B 侧通电时，可使气液联动缸向下的运动保持同步。为补偿油缸的泄漏设储油罐，在不工作时可进行补偿。

② 延时回路

图 5-44 所示为延时回路，当有信号 K 输入时，阀 A 换向，此时气源经节流阀缓慢向气

容 C 充气，经一段时间 t 延时后，气容内压力升高到预定值，使主阀 B 换向，气缸活塞开始右行。当信号 K 消失后，气容 C 中的气体可经单向阀迅速排出，主阀 B 立即复位，气缸活塞返回。改变节流口开度，可调节延时换向时间 t 的长短。

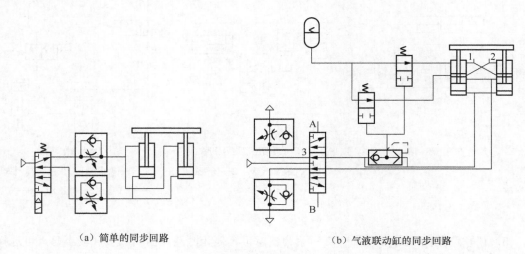

（a）简单的同步回路   （b）气液联动缸的同步回路

图 5-43   同步回路

1、2—气液联动缸   3—三位五通电磁阀

③ 自动往复回路

图 5-45（a）所示为单往复回路，按下手动阀，二位五通换向阀处于左位，气缸外伸；当活塞杆挡块压下机动阀后，二位五通换向阀换至右位，气缸缩回，完成一次往复运动。

图 5-45（b）为连续自动往复回路，手动阀 1 换向，高压气体经阀 3 使阀 2 换向，气缸活塞杆

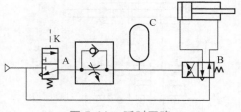

图 5-44   延时回路

外伸，行程阀 3 复位，活塞杆挡块压下行程阀 4 时，阀 2 换至左位，活塞杆缩回，阀 4 复位，当活塞杆缩回压下行程阀 3 时，阀 2 再次换向，如此循环往复。

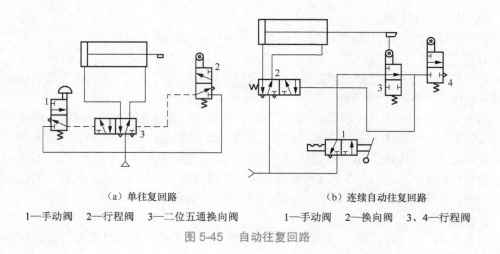

（a）单往复回路   （b）连续自动往复回路

1—手动阀   2—行程阀   3—二位五通换向阀   1—手动阀   2—换向阀   3、4—行程阀

图 5-45   自动往复回路

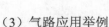

（3）气路应用举例

①压力机气路系统

图 5-46 所示为压力机气路系统。气源经过过滤器后分两路，一路用来控制气垫缸，另一路经过一个减压阀后再分成两个支路，分别控制离合器缸和制动缸。上述 3 路气体的压力分别通过 3 个减压阀来调节。为了保证压力稳定，三路气体还分别采用了两个储气罐进行稳压，为了防止储气罐中的压力过高出现危险，储气罐上还安装了一个溢流阀泄压。气垫缸无杆腔始终有压力作用，制动缸和离合器缸采用二位三通阀控制。此系统的特点是压力稳定，安全可靠。

②车门开关控制系统

图 5-47 所示为车门开关控制系统。气源经手动换向阀进入差动缸的有杆腔，使活塞杆缩回，车门关闭。如果电磁阀通电，则使气体进入差动缸的无杆腔，推动差动缸的活塞杆伸出，将门打开。为了防止车门打开和关闭速度过快，在差动缸的无杆腔入口处安装了一个节流阀。当按下手动换向阀时，差动缸两侧都通大气，车门处于自由状态。此系统的特点是安全可靠，差动回路节省空气消耗量。

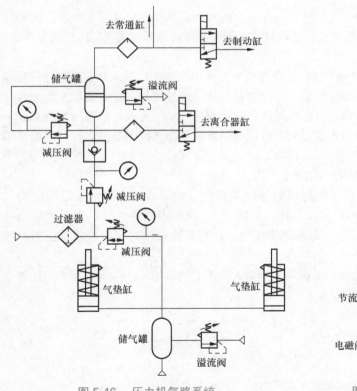

图 5-46　压力机气路系统

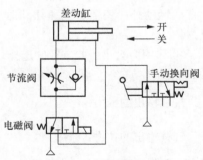

图 5-47　车门开关控制系统

二、气动系统设计方法

设计气动系统就是根据工作设备的控制功能要求，从种类与功能众多的元件中选择性能和参数最适合的元件，并将其巧妙合理地组合配置。主要设计内容包括系统方案、气动元件

气动系统设计方法

选型、管道设计、空压机选型等。气动系统的设计一般按下列步骤进行。

1. 明确工作要求

① 运动和操作力的要求，如主机的动作顺序、动作时间、运动速度及其可调范围、运动的平稳性、定位精度、操作力及联锁和自动化程序等。

② 工作环境条件，如温度、防尘、防爆、防腐蚀要求及工作场地的空间等情况必须调查清楚。

③ 和机、电、液控制相配合的情况，及对气动系统的要求。

2. 设计气控回路

① 列出气动执行元件的工作程序图。

② 画信号动作状态线图或卡诺图、扩大卡诺图，也可直接写出逻辑函数表达式。

③ 画逻辑原理图。

④ 画回路原理图。

⑤ 为得到最佳的气控回路，设计时可根据逻辑原理图，做出几种方案进行比较，如合理选定气动控制、电动－气动控制、逻辑元件等控制方案。

3. 选择、设计执行元件

确定气缸或气动马达的类型、气缸的安装形式及气缸的具体结构尺寸（如缸径、活塞杆直径、缸壁厚）和行程长度、密封形式、耗气量等。设计中要优先考虑选用标准缸的参数。

（1）气缸

① 应用条件：根据工作要求和条件，正确选择气缸类型。例如，要求气缸到达行程终端无冲击现象和撞击噪声，应选择缓冲气缸；要求重量轻，应选轻型缸；要求安装空间窄且行程短，可选薄型气缸；有横向负载，可选带导杆气缸；要求制动精度高，应选锁紧气缸；不允许活塞杆旋转，可选具有杆不回转功能的气缸；高温环境下需选用耐热缸；在有腐蚀环境下，需选用耐腐蚀气缸；在有灰尘等恶劣环境下，需要在活塞杆伸出端安装防尘罩；要求无污染时，需要选用无给油或无油润滑气缸等。

② 安装形式：根据安装位置、使用目的等因素确定。在一般情况下，采用固定式气缸。在需要随工作机构连续回转时（如车床、磨床等），应选用回转气缸。在要求活塞杆除直线运动外，还需做圆弧摆动时，选用轴销式气缸。有特殊要求时，应选择相应的特殊气缸。

③ 作用力大小：即缸径的选择，根据负载力的大小确定气缸输出的推力和拉力，计算公式如下。

气缸输出的推力：

$$F_1 = \frac{\pi}{4} D^2 \cdot p \cdot \eta$$

气缸输出的拉力：

$$F_2 = \frac{\pi}{4} (D-d)^2 \cdot p \cdot \eta$$

(5-3)

式中：D 为气缸直径；d 为活塞杆直径；p 为供气压力；η 为负载率。

一般均按外载荷理论平衡条件选择所需气缸作用力，根据不同速度选择不同的负载率，使气缸输出力稍有余量。缸径过小，输出力不够，但缸径过大，使设备笨重，成本提高，又增加耗气量，浪费能源。在设计夹具时，应尽量采用扩力机构，以减小气缸的外形尺寸。

④ 活塞行程：与使用的场合和机构的行程有关。一般不选满行程，防止活塞和缸盖相碰。如用于夹紧机构等，应按计算所需的行程增加 10 ～ 20mm 的余量。

⑤ 活塞的运动速度：主要取决于气缸输入压缩空气流量、气缸进排气口大小以及导管内径的大小。活塞运动速度一般为 50 ～ 800mm/s。对高速运动气缸，应选择大内径的进气管道；对于负载有变化的情况，为了得到缓慢而平稳的运动速度，可选用带节流装置或气－液阻尼缸，以易于控制速度。选用节流阀控制气缸速度需注意：水平安装的气缸推动负载时，推荐用排气节流调速；垂直安装的气缸举升负载时，推荐用进气节流调速；要求行程末端运动平稳避免冲击时，应选用带缓冲装置的气缸。

（2）气动马达

① 类型。在实际应用中，齿轮式气动马达应用较少，主要是叶片式和活塞式气动马达。其中，叶片式气动马达经常用于变速、小扭矩的场合，而活塞式气动马达常用于低速、大转矩的场合，它在低速运转时，具有较好的速度控制及较少的空气消耗量。选择哪种气动马达，需根据负载特性与气动马达特性的匹配情况确定。

② 参数：功率、转速、扭矩、耗气量。根据工况要求和用处可先简单估算马达所需的功率、扭矩、转速，以可提供的最小气压的 70% 作为基数进行选择，可允许选出的气动马达有足够的动力应付启动冲击及可能的过载。

a．功率：非限速气动马达的最大功率在自由转速（空载转速）的 50% 转速时达到；限速气动马达的最大功率在自由转速（空载转速）的 80% 转速时达到。

b．转速：气动马达的工作转速可在性能曲线中查明。

c．扭矩：启动扭矩大约为最大扭矩的 75%；工作扭矩（在不同转速下）可在马达性能曲线上查明或用以下公式计算：扭矩（N·m）= 功率（kW）·9 550/ 转速（r/min）。

4. 选择控制元件

（1）确定控制元件类型，要根据表 5-1 进行比较而定。表 5-2 列举了几种控制元件的选用原则。

（2）确定控制元件的通径，一般控制阀的通径可按阀的工作压力与最大流量确定。由表 5-3 初步确定阀的通径，但应使所选阀的通径尽量一致，以便于配管。逻辑元件的类型选定后，它们的通径也就定了（逻辑元件通径一般为 ϕ3mm，个别为 ϕ1mm）。

表 5-1　　　　　　　　　　　　　　几种气控元件的性能比较

控制方式 比较项目	电磁气阀控制	气控气阀控制	气控逻辑元件控制
安全可靠性	较好（交流易烧线圈）	较好	较好
恶劣环境适应性（易燃、易爆、潮湿等）	较差	较好	较好
气源净化要求	一般	一般	一般
远距离控制性、速度传递	好，快	一般，大于零点几毫秒	一般，几毫秒～零点几毫秒
控制元件体积	一般	大	较小
元件无功耗气量	很小	很小	小
元件带负载能力	高	高	较高
价格	稍贵	一般	便宜

表 5-2　　　　　　　　　　　　　　　　　几种控制元件的选用原则

控制元件	选用原则
减压阀	① 根据气控系统最高工作压力来选择减压阀，气源压力应比减压阀最大工作压力大0.1MPa。 ② 要求减压阀的出口压力波动小时，如出口压力波动不大于工作压力最大值的±0.5%时，选用精密型减压阀。 ③ 需遥控时或通径大于20mm以上时，应尽量选用外部先导式减压阀
溢流阀	① 根据需要的溢流量来选择溢流阀的通径。 ② 对于溢流阀来说，希望气动回路一旦超过调定压力，阀门就立即排气，而一旦压力稍低于调定压力，就立即关闭阀门。在这种从阀门打开到关闭的过程中，气动回路中的压力变化越小，溢流特性越好，在一般情况下，应选调定压力接近最高使用压力的溢流阀。 ③ 管径大（如通径为15mm以上）且远距离操作时，宜采用先导式溢流阀
流量阀	① 根据气动系统或执行元件的进、排气口通径来选择。 ② 根据调节流量范围来选择。 ③ 根据使用条件（如普通气动控制系统或逻辑控制系统）来选择
方向阀	① 根据流量选择阀的通径。 ② 根据要求选用阀的功能及控制方式，还需注意应尽量选择与所需型号一致的阀。 ③ 根据现场使用条件选择直动阀、内先导阀、外先导阀，如需真空系统，就只能采用直动阀和外先导阀。 ④ 根据气动自动化系统工作要求选用阀的性能，包括阀的最低工作压力、最低控制压力、响应时间、气密性、寿命及可靠性。 ⑤ 应根据实际情况选择阀的安装方式。 ⑥ 应选用标准化产品，避免采用专用阀，尽量减少阀的种类，以便于供货、安装和维护

5. 选择气动辅件

① 分水滤气器的类型主要根据过滤精度要求而定。一般气动回路、截止阀及操纵气缸等要求过滤精度≤75μm，操纵气动马达等有相对运动的情况取过滤精度≤25μm，气控硬配滑阀、射流元件、精密检测的气控回路要求过滤精度≤10μm。

分水滤气器的通径原则上由流量确定（见表5-3），并要和减压阀相同。

② 油雾器根据油雾颗粒大小和流量来选取。当与减压阀、分水滤气器串联使用时，三者通径要一致。

表 5-3　　　　　　　　　　　　　　　　标准控制阀各通径对应的额定流量

公称通径/mm	$\phi3$	$\phi6$	$\phi8$	$\phi10$	$\phi15$	$\phi20$	$\phi25$	$\phi32$	$\phi40$	$\phi50$
$q\times10^{-3}/\text{m}^3\cdot\text{s}^{-1}$	0.199 4	0.694 4	1.388 9	1.944 4	2.777 8	5.555 5	8.333 3	13.889	19.444	27.778
$q/\text{m}^3\cdot\text{h}^{-1}$	0.7	2.5	5	7	10	20	30	50	70	100
$q/\text{L}\cdot\text{h}^{-1}$	11.66	41.67	83.34	116.67	166.68	213.36	500	833.4	1 166.7	1 666.8

 提示

额定流量是指限制流速在 15～25m/s 测得的阀的流量。

③ 消声器。可根据工作场合选用不同形式的消声器，其通径大小根据通过的流量而定，可查有关手册。

④ 储气罐的理论容积可按相关经验公式计算，具体结构、尺寸可查有关手册。

6. 确定管道直径、计算压力损失

① 各段管道的直径可根据满足该段流量的要求，同时考虑和前边确定的控制元件通径相一致的原则初步确定。初步确定管径后，要在验算压力损失后选定管径。

② 压力损失的验算。为使执行元件正常工作，气流通过各种元件、辅件到执行元件的总压力损失，必须满足式（5-4）：

$$\sum \Delta p \leqslant [\sum \Delta p] \text{ 或} \sum \Delta p_l + \sum \Delta p_\zeta \leqslant [\sum \Delta p] \tag{5-4}$$

式中：$\sum \Delta p$ 为总压力损失，它包括所有的沿程损失 $\sum \Delta p_l$ 和所有的局部损失 $\sum \Delta p_\zeta$；$[\sum \Delta p]$ 为允许压力损失，可根据供气情况确定，一般流水线范围 < 0.01MPa，车间范围 < 0.05MPa，工厂范围 < 0.1MPa。验算时，车间内可近似取 $[\sum \Delta p]$=0.01 ～ 0.1MPa，实际计算总压力损失，如系统管道不是特别长（一般 < 100m），管内的粗糙度不大，在经济流速的条件下，沿程损失 $\sum \Delta p_l$ 比局部损失 $\sum \Delta p_\zeta$ 小得多，则沿程损失 $\sum \Delta p_l$ 可以不单独计入，只需将总压力损失值的安全系数 $K_{\Delta p}$ 稍微加大即可。局部损失中包含的流经弯头、断面突然放大、收缩等的压力损失 $\sum \Delta p_{\zeta 1}$，往往又比气流通过气动元件、辅件的压力损失 $\sum \Delta p_{\zeta 2}$（见表 5-4）小得多。因此对于不严格计算的系统，式（5-4）可简化为

$$K_{\Delta p} \sum \Delta p_{\zeta 2} \leqslant [\sum \Delta p] \tag{5-5}$$

式中：$\sum \Delta p_{\zeta 2}$ 为流经元件、辅件的总压力损失，可通过表 5-4 查出；$K_{\Delta p}$ 为压力损失简化修正系数，$K_{\Delta p}$=1.05 ～ 1.3，对于管道较长，管道截面变化较复杂的情况可取大值。如果验算的总压力损失 $\sum \Delta p \leqslant [\sum \Delta p]$，则上边初步选定的管径可定为需要的管径。如果总压力损失 $\sum \Delta p >$ $[\sum \Delta p]$，则必须加大管径或改进管道的布置，以降低总压力损失，直到 $\sum \Delta p < [\sum \Delta p]$ 为止，初选的管径即为最后确定的管径。

表 5-4　　　　　　　　　　通过气动元件、辅件的压力损失 $\sum \Delta p_{\zeta 2}$（MPa）

元件名称			公称通径/mm									
			$\phi 3$	$\phi 6$	$\phi 8$	$\phi 10$	$\phi 15$	$\phi 20$	$\phi 25$	$\phi 32$	$\phi 40$	$\phi 50$
			额定流量压力损失/MPa≤									
方向阀	换向阀	截止阀		0.025	0.022	0.015		0.01		0.009		
		滑阀		0.025	0.022	0.015		0.01	0.009			
	单向控制阀	单向阀、梭阀、双压阀	0.025	0.022	0.02	0.015	0.012	0.01		0.009		0.008
		快排阀→A		0.022	0.02	0.012		0.01		0.009		0.008
	脉冲阀、延时阀		0.025									
流量阀	节流阀		0.025	0.022	0.02	0.015	0.012	0.01		0.009		0.008
	单向节流阀P→A			0.025				0.02				
	消声节流阀			0.02	0.012	0.01		0.009				
压力阀	单向压力顺序阀		0.025	0.022	0.02	0.015	0.012					

续表

元件名称		公称通径/mm									
		$\phi 3$	$\phi 6$	$\phi 8$	$\phi 10$	$\phi 15$	$\phi 20$	$\phi 25$	$\phi 32$	$\phi 40$	$\phi 50$
		额定流量压力损失/MPa≤									
辅件	分水滤气器 过滤精度/μm	25		0.015				0.025			
		75		0.01				0.02			
	油雾器			0.015							
	消声器	0.022	0.02	0.012	0.01		0.009			0.008	0.007

注：其他元件、辅件可通过实验或按表5-4各件压力损失类比选定。

7. 选择空压机

① 计算空压机的供气量 Q_j，以选择空压机的额定排气量。

$$Q_j = \varphi K_1 K_2 \sum_{i=1}^{n} Q_z \qquad (5\text{-}6)$$

式中：φ 为利用系数；K_1 为漏损系数，$K_1 = 1.15 \sim 1.5$；K_2 为备用系数，$K_2 = 1.3 \sim 1.6$；Q_z 为一台设备在一个周期内的平均用气量（自由空气量）（m^3/s）；n 为用气设备台数。

② 计算空压机的供气压力 p_g，以选择空压机的排气压力。

$$p_g = p + \sum \Delta p \qquad (5\text{-}7)$$

式中：p 为用气设备使用的额定压力（表压）（MPa）；$\sum \Delta p$ 为气动系统的总压力损失。

下面以某厂鼓风炉钟罩式加料装置气动系统的设计为例。

鼓风炉加料装置气动机构如图5-48所示，在图5-48（a）中，Z_A、Z_B 分别为鼓风炉上、下部两个料钟（顶料钟、底料钟），W_A、W_B 分别为顶、底料钟的配重，料钟平时均处于关闭状态。图5-48中A与B分别为操纵顶、底两个料钟开、闭的气缸。该厂鼓风炉钟罩式加料装置是由两个图5-48所示的鼓风炉用气设备组成的。

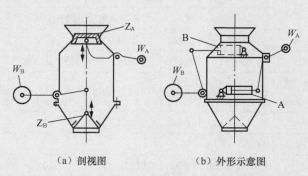

（a）剖视图　　　　　（b）外形示意图

图5-48　鼓风炉加料装置气动机构示意图

（1）工作要求及环境条件

① 工作要求。该系统要求具有自动加料与手动加料两种方式。

自动加料：加料时，吊车把物料运来，顶料钟 Z_A 开启，卸料于两钟之间；然后延时发信号，使顶料钟关闭；底料钟 Z_B 打开，卸料到炉内，再延时（卸完料）关闭底料钟，循环结束。

顶、底料钟开闭动作必须联锁，可全部关闭，但不许同时打开。

② 运动要求。因为料钟开或闭一次的时间 $t_A = t_B \leqslant 6s$，气缸行程 s 均为 600mm，所以气缸活塞杆平均速度为

$$v_A = v_B = \frac{s}{t_B} = \frac{600}{6} \mathrm{mm/s} = 100 \mathrm{mm/s} = 0.1 \mathrm{m/s} \tag{5-8}$$

要求行程末端平缓些。

③ 动力要求。顶部料钟的操作力（打开料钟的气缸推力）为 $F_{Z_A} \geqslant 5.10\mathrm{kN}$；底部料钟操作力为 $F_{Z_B} \geqslant 24\mathrm{kN}$。

④ 工作环境温度为 $30 \sim 40℃$，灰尘较多。

⑤ 供气压力最大可达 0.7MPa，正常工作时为 0.4MPa。

（2）回路设计

① 列出气动执行元件的工作程序，如图 5-49 所示（图中的符号说明详见表 5-5）。

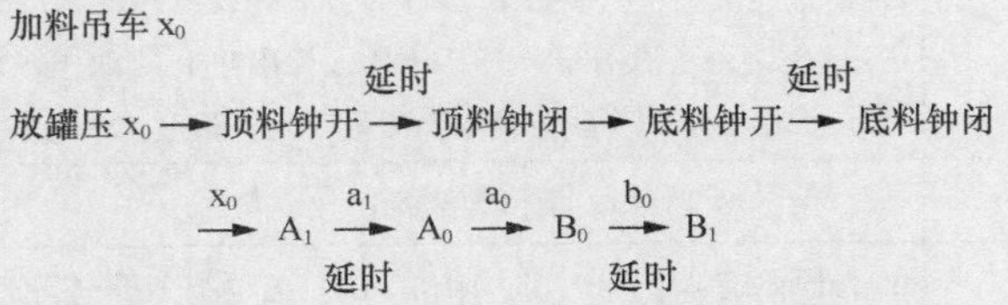

加料吊车 x_0

放罐压 x_0 → 顶料钟开 → 顶料钟闭 → 底料钟开 → 底料钟闭
　　　　　　　　　　延时　　　　　　　　延时

$$\xrightarrow{x_0} A_1 \xrightarrow{a_1} A_0 \xrightarrow{a_0} B_0 \xrightarrow{b_0} B_1$$
　　　延时　　　　　　延时

图 5-49　气动执行元件的工作程序

② 画信号动作状态线图（见图 5-50）。

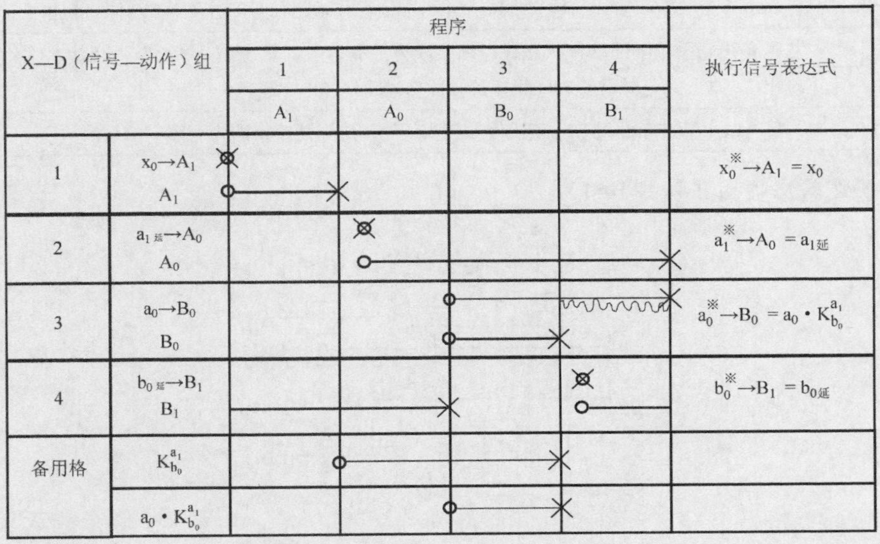

X—D（信号—动作）组		程序				执行信号表达式
		1	2	3	4	
		A_1	A_0	B_0	B_1	
1	$x_0 \to A_1$ A_1					$x_0^{※} \to A_1 = x_0$
2	$a_{1延} \to A_0$ A_0					$a_1^{※} \to A_0 = a_{1延}$
3	$a_0 \to B_0$ B_0					$a_0^{※} \to B_0 = a_0 \cdot K_{b_0}^{a_1}$
4	$b_{0延} \to B_1$ B_1					$b_0^{※} \to B_1 = b_{0延}$
备用格	$K_{b_0}^{a_1}$					
	$a_0 \cdot K_{b_0}^{a_1}$					

图 5-50　信号 - 动作状态线图

图 5-50 中行程阀符号说明见表 5-5。

表 5-5   信号 - 动作状态线图符号说明

符号	说明
A，B	表示气缸A、气缸B
x，a，b	表示与气缸A、气缸B相对应的行程阀及其发出的信号
A_0，A_1	表示气缸A的两个不同的动作状态，下标"0"为气缸缩回状态，下标"1"为气缸伸出状态（气缸B同理）
x_0 a_0，a_1，$a_{1延}$ b_0，$b_{0延}$	表示与气缸动作状态A_0，A_1，B_0，B_1相对应的行程阀： ① x_0对应于气缸A伸出位置的行程阀； ② a_0对应于气缸A收回位置的行程阀，a_1对应于气缸B收回位置的行程阀，$a_{1延}$为a_1延迟一段时间后执行； ③ b_0对应于气缸B伸出位置的行程阀，$b_{0延}$为b_0延迟一段时间后执行

$a_0^※$，$a_1^※$ $b_0^※$，$b_1^※$	$a_0^※$，$b_0^※$，…	右上角带"※"的信号为执行信号，不带"※"的信号为原始信号。原始信号是指来自发信器（如行程阀）的信号，它分为有障（碍）和无障两种，但执行信号必为无障信号； 判断有无障信号的方法：若各信号线均比所控制的动作线短（或等长），则各信号均为无障信号；若某信号线比所控制的动作线长，则该信号为无障信号，长出的那部分线段就叫障碍段，用波浪线"~~~"表示
	$a_1^※=a_1$，…	执行信号$a_1^※$就是原始无障信号a_1
	$a_0^※=a_0·K_{b_0}^{a_1}$	a_0为原始有障信号，其执行信号$a_0^※$必须把障碍排除，解决方法一般为先用记忆元件（如记忆阀）将脉冲信号拉长（$K_{b_0}^{a_1}$，脉冲信号a_1借助记忆阀K而拉长），然后再用逻辑"与"运算使执行信号线成为与动作信号线等长的正确信号，即$a_0·K_{b_0}^{a_1}$

→	表示"控制"，如$a_0→B_1$，表示a_0（行程阀a_0工作输出信号）控制气缸B伸出动作
⎯⎯⎯ ⎯ ⎯	粗实线表示气缸的动作状态线，细实线为控制信号的状态线，"○"为起始，"╳"为终止，"⊗"为起始终止时间很短的脉冲信号
∿∿∿∿	信号线下的波浪线段表示该段信号使执行元件进退两难，即为有障碍信号段

③ 画逻辑原理图（见图 5-51）。

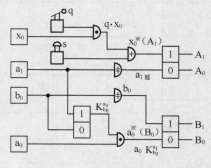

图 5-51　气控逻辑原理图

④ 画回路原理图（见图5-52）。

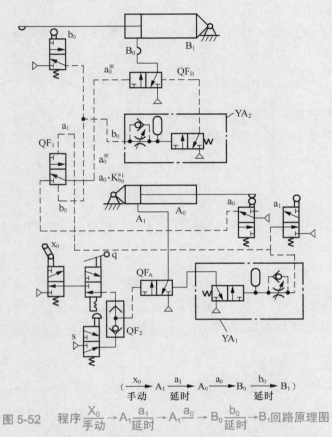

$$(\frac{x_0}{手动} \rightarrow A_1 \xrightarrow[延时]{a_1} A_0 \xrightarrow{a_0} B_0 \xrightarrow[延时]{b_0} B_1)$$

图 5-52　程序 $\dfrac{X_0}{手动} \rightarrow A_1 \dfrac{a_1}{延时} \rightarrow A_1 \dfrac{a_0}{延时} \rightarrow B_0 \dfrac{b_0}{延时} \rightarrow B_1$ 回路原理图

回路图中 YA_1 和 YA_2 为延时换向阀（常断延时通型），由该阀延时经主控阀 QF_A、QF_B 放大去控制气缸 A_1 和气缸 B_0 的状态。料钟的关闭靠自重。

（3）选择执行元件

① 确定执行元件类型。根据料钟开闭（升降）行程较小，炉体结构限制（料钟中心线上下方不宜安装气缸）及安全性要求（机械支力有故障时，两料钟处于封闭状态），采用重力封闭方案，如图

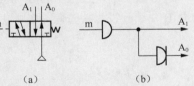

图 5-53　单控两位阀的逻辑功能

5-53 所示。同时，在炉体外部配上使料钟开启（即配重抬起）的传动装置，由于行程小，故采用摆块机构，即相应地采用尾部铰接式气缸作为执行元件。

考虑料钟的开启动作靠气动，关闭靠配重，所以选用单作用缸。又考虑开闭平稳，可采用缓冲型的气缸。因此，初步选择执行元件为两台标准缓冲型、尾部铰接式气缸。

② 主要参数尺寸：气缸内径 D。顶料钟气缸的内径由下式计算。

$$D = \sqrt{\frac{4}{\pi} \cdot \frac{F_1}{p\eta}}$$

式中：工作推力 $F_1 = F_{Z_A} = 5.1 \times 10^3 \text{N}$，当气缸速度 $v \leqslant 0.2\text{m/s}$ 时，负载率 $\eta = 0.8$，工作压力 $p = 0.4\text{MPa}$，则气缸 A 的内径为

$$D_A = \sqrt{\frac{4}{\pi} \times \frac{5.1 \times 10^3}{4 \times 10^5 \times 0.8}} = 0.142\,(\text{m}) \tag{5-9}$$

查有关手册，选择冶金用气缸，取标准缸径 $D_A = 160\text{mm}$，行程 $s = 600\text{mm}$。

由于炉体总体布置限制，底料钟气缸的操作力为拉力，则气缸 B 的内径由式（5-10）计算，即

$$D_B = (1.01 \sim 1.09)\sqrt{\frac{4F_2}{\pi p \eta}} \tag{5-10}$$

考虑缸径较大，取式（5-10）前边的系数为 1.03，且当 $v \leqslant 0.2\text{m/s}$ 时，$\eta = 0.8$，$F_2 = F_{Z_B} = 2.4 \times 10^4 \text{N}$，$p = 4 \times 10^5 \text{Pa}$，则

$$D_B = 1.03 \times \sqrt{\frac{4 \times 2.4 \times 10^4}{\pi \times 4 \times 10^5 \times 0.8}} = 0.318\,(\text{m}) \tag{5-11}$$

查手册，也选择冶金用气缸，取标准缸径 $D_B = 320\text{mm}$，行程 $s = 600\text{mm}$。

综上，取顶料钟气缸 A 为 JB160×600；取底料钟气缸 B 为 JB320×600，活塞杆直径 $d_B = 90\text{mm}$。

③ 耗气量计算。

气缸 A：已知缸径 $D_A = 160\text{mm}$，行程 $s = 600\text{mm}$，全行程需时间 $t_A = 6\text{s}$，压缩空气量（自由空气量）：

$$Q_A = \frac{\pi}{4} D_A^2 v_A = \frac{\pi}{4} \times 0.16^2 \times 0.1 = 2.01 \times 10^{-3}\,(\text{m}^3/\text{s}) \tag{5-12}$$

气缸 B：已知 $D_B = 320\text{mm}$，$s = 600\text{mm}$，$t_B = 6\text{s}$，由于气缸 B 的供气端是有杆腔，所以气缸 B 一个行程的耗气量（自由空气量）为

$$Q_B = \frac{\pi}{4}\left(D_B^2 - d_B^2\right) v_B = \frac{\pi}{4} \times \left(0.32^2 - 0.09^2\right) \times 0.1 = 7.40 \times 10^{-3}\,(\text{m}^3/\text{s}) \tag{5-13}$$

（4）选择控制元件

① 选择类型。根据系统对控制元件工作压力及流量的要求，按照气动回路原理图初选各控制阀如下。

主控换向阀：QF_A、QF_B 均为 JQ23-L 型，通径待定。

行程阀：x_0 初选为可通过式，其型号为 Q23JC4A-L3。

行程阀：a_0、a_1、b_0 初选为杠杆滚轮式，其型号为 Q23JC3A-L3。

逻辑阀：QF_1 初选为 JQ230631 型两位三通双气控阀。

梭阀：QF_2 初选为 QS-L3 型。

手动阀：s 初选为推拉式，其型号为 Q23R5-L3。

手动阀：q 初选为按钮式，其型号为 Q23R1A-L3。

② 选择主控阀

对气缸 A 主控换向阀 QF$_A$ 的选择如下。

因气缸 A 要求供气压力 p_A=0.4MPa，流量 Q_A=2.23×10^{-3}m^3/s，查表 5-3 初选 QF$_A$ 的通径为 ϕ15mm，QF$_A$ 额定流量 Q_A=2.7778×10^{-3}m^3/s。故初选其型号为 Q25Q$_2$C-L15（堵死两个不用的气口）。

对气缸 B 主控换向阀 QF$_B$ 的选择如下。

因气缸 B 要求压力 p_B≤0.4MPa，流量 Q_B=8.23×10^{-3}m^3/s，查表 5-3 初选 QF$_B$ 的通径为 ϕ25mm，其额定流量为 Q_B=8.3333×10^{-3}m^2/s，故初选其型号为 Q25Q$_2$C-L25（堵死两个不用的气口）。

③ 选择减压阀

根据系统要求的压力、流量，同时考虑气缸 A、B 因联锁关系不会同时工作的特点，即按其中流量、压力消耗最大的一个缸（气缸 B）选择减压阀。由供气压力为 0～0.7MPa（已在工作要求及环境条件下添加），额定流量为 8.3333×10^{-3}m^3/s，选择减压阀的型号为 395.291～294。

（5）选择气动辅件

辅件的选择要与减压阀相适应，所以辅件的型号选择如下。

分水滤气器：394.49。

油雾器：396.49。

消声器：配于两主控阀排气口、气缸排气口处，起消声、滤尘作用。对于气缸 A 及主控阀消声器选 FXS$_2$-L15，对于气缸 B 及主控阀消声器选 FXS$_2$-L25。

（6）确定管道直径，验算压力损失

① 确定管径。本例按各管径与气动元件通径相一致的原则，初定各段管径。管道的布置示意图如图 5-54 所示。同时考虑气缸 A、B 不同时工作的特点，按其中用气量最大的气缸 B 主控阀的通径初步确定 oe 段的管径也是 25mm。而总气源管 yo 段的管径，考虑为两台炉子同时供气，由流量为供给两台炉子流量之和的关系有

$$Q=\frac{\pi}{4}d^2\upsilon=\frac{\pi}{4}d_1^2\upsilon+\frac{\pi}{4}d_2^2\upsilon \tag{5-14}$$

式中：Q 为总气源管 yo 段的气体流量；d 为 yo 段直径；d_1 和 d_2 分别为流经两个炉子的 oe 段直径，d_1=d_2=25mm。υ 为管中流速，两炉子总用气量可按气量大的 B 缸耗气量的两倍来计算，即 Q=2Q_B。

可导出：

$$d=\sqrt{d_1^2+d_2^2}=\sqrt{25^2+25^2}=35.4\ (\text{mm}) \tag{5-15}$$

查手册根据管道的标准规格尺寸，取标准管径为 40mm，故

$$\upsilon=\frac{Q}{A}=\frac{2Q_B}{\frac{\pi}{4}d^2}=\frac{2\times7.40\times10^{-3}}{\frac{\pi}{4}\times0.04^2}=11.8\ (\text{m/s})$$

② 验算压力损失。如图 5-54 所示，验算供气管 y 处到气缸 A 进气口 x 处的压力损失（因气缸 A 的管路较细，损失要比气缸 B 管路的大）是否在允许范围内，即

$$\sum \Delta p \leqslant [\Delta p] \qquad (5\text{-}16)$$

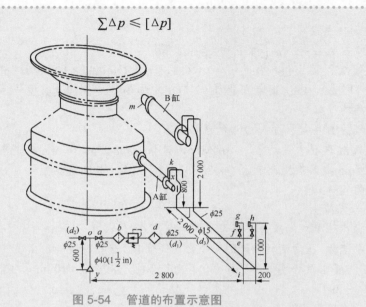

图 5-54　管道的布置示意图

a. 沿程压力损失

yo 段的沿程压力损失：

$$\Delta p_l = \lambda \frac{l}{d} \frac{\upsilon^2}{2g} \gamma \qquad (5\text{-}17)$$

式中：Δp_l 为沿程压力损失；d 为管内径，d=0.04m；l 为管长，l=0.6m；λ 为沿程阻力系数，由雷诺数 Re 和管壁相对粗糙度 $\dfrac{\varepsilon}{d}$ 确定，如图 5-55 所示莫迪图；γ 为气体重度，即单位体积气体的重力，γ=$\rho \times g$，ρ 为实际温度和压力下的气体密度，$\rho = 1.293 \times \dfrac{\text{实际压力}}{\text{标准物理大气压}} \times \dfrac{273}{\text{实际绝对温度}}$。

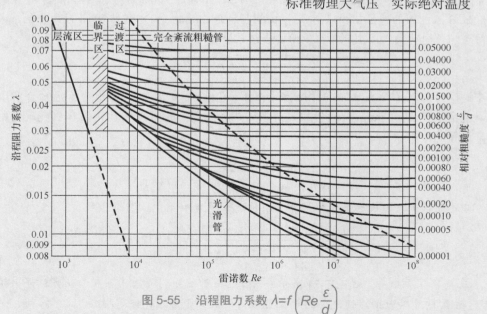

图 5-55　沿程阻力系数 $\lambda = f\left(Re\,\dfrac{\varepsilon}{d}\right)$

提示：莫迪图表示沿程阻力系数 λ 与 ε/d、Re 之间的函数关系。查莫迪图首先确定流动的雷诺数 Re，到莫迪图上查对应横坐标；查文献资料可得不同材料的"管道的管壁绝对粗糙度 ε"，除以管道直径 d，如果是非圆管道，则除以当量直径 d_e，计算 ε/d_e，这个值对应莫迪图右边的纵坐标和莫迪图区域中央的曲线。由横坐标的雷诺数 Re 和右边纵坐标 ε/d，对应确定莫迪图区域中央曲线上的一个点，这个点对应莫迪图左边纵坐标的沿程阻力系数 λ。

根据温度 30℃，由表 5-6 查得运动黏度 $\nu=1.66\times10^{-5}\text{m}^2/\text{s}$。

表 5-6 空气的运动黏度与温度的关系

温度 t/℃	0	5	10	20	30	40	60	80	100
运动黏度 $\nu\times10^{-4}$/m²·s⁻¹	0.136	0.142	0.147	0.157	0.166	0.176	0.196	0.21	0.238

查文献资料得到钢管的绝对粗糙度 $\varepsilon=0.04\text{mm}$，则：

$$Re=\frac{\upsilon\cdot d}{\nu}=\frac{11.8\times0.04}{1.66\times10^{-5}}=2.84\times10^4$$

$$\frac{\varepsilon}{d}=\frac{0.04}{40}=0.001 \tag{5-18}$$

根据 Re 和 $\dfrac{\varepsilon}{d}$ 查图 5-6 得 $\lambda=0.026\,5$，又由温度为 30℃、压力为 0.4MPa 时，γ 值可由式（5-19）算出：

$$\gamma=\rho\cdot g=1.293\times\frac{0.4+0.101\,3}{0.101\,3}\times\frac{273}{273+30}\times9.81=56.5\ (\text{N/m}^3) \tag{5-19}$$

故

$$\Delta p_l=0.026\,5\times\frac{0.6}{0.04}\times\frac{11.8^2}{2\times9.81}\times56.5=162.4\ (\text{N/m}^2)=1.62\times10^{-4}\ (\text{MPa}) \tag{5-20}$$

oe 段的沿程压力损失计算如下。

$$\upsilon_1=\frac{Q_1}{A_1}=\frac{7.41\times10^{-3}}{\dfrac{\pi}{4}\times0.025^2}=15.1(\text{m/s})$$

$$Re_1=\frac{\upsilon_1 d_1}{\nu}=\frac{15.1\times0.025}{1.66\times10^{-5}}=2.27\times10^4 \tag{5-21}$$

由 $\dfrac{\varepsilon}{d_1}=\dfrac{0.04}{25}=0.001\,6$ 和 $Re_1=2.27\times10^4$，可查得 $\lambda_1=0.029$，则

$$\Delta p_{l1}=\lambda_1\frac{l_1}{d_1}\frac{\upsilon_1^2}{2g}\gamma=0.029\times\frac{2.8}{0.025}\times\frac{15.1^2}{2\times9.81}\times56.5=2\,132.6(\text{N/m}^2)=2.132\times10^{-3}\ (\text{MPa}) \tag{5-22}$$

ex 段沿程压力损失计算如下。

$$\upsilon_2=\frac{Q_2}{A_2}=\frac{2.01\times10^{-3}}{\dfrac{\pi}{4}\times0.015^2}=11.38(\text{m/s})$$

$$Re_2=\frac{\upsilon_2 d_2}{\nu}=\frac{11.38\times0.015}{1.66\times10^{-5}}=1.03\times10^4 \tag{5-23}$$

由 $\dfrac{\varepsilon}{d_2}=\dfrac{0.04}{15}=0.002\,67$ 和 $Re_2=1.03\times10^4$，可查得 $\lambda_2=0.035$，则

$$\Delta p_{l2} = 0.035 \times \frac{3.8}{0.015} \times \frac{11.38^2}{2 \times 9.81} \times 56.5 = 3307(\text{N/m}^2) = 3.31 \times 10^{-3}(\text{MPa}) \tag{5-24}$$

yx 段的所有沿程损失：

$$\sum \Delta p_l = \Delta p_l + \Delta p_{l1} + \Delta p_{l2} = 1.62 \times 10^{-4} + 2.132 \times 10^{-3} + 3.31 \times 10^{-3} = 5.60 \times 10^{-3}(\text{MPa}) \tag{5-25}$$

b. 局部压力损失

流经管路中的局部压力损失为

$$\sum \Delta p_{\zeta 1} = \sum \zeta \frac{\upsilon^2}{2\text{g}} \gamma \tag{5-26}$$

其中

$$\sum \zeta = \zeta_y + \zeta_0 + \zeta_a + \zeta_e + \zeta_? + \zeta_h + \zeta_i + \zeta_j + \zeta_l + \zeta_k + \zeta_x \tag{5-27}$$

式中：ζ_y 为入口局部阻力系数 $\zeta_y = 0.5$；ζ_0、ζ_e 分别为三通管局部阻力系数 $\zeta_0 = 2$，$\zeta_e = 1.2$；ζ_a、$\zeta_?$ 为流经截止阀处的局部阻力系数，$\zeta_a = \zeta_? = 3.1$；ζ_h、ζ_i、ζ_j、ζ_k 为弯头局部阻力系数；分别为 $\zeta_h = \zeta_i = \zeta_j = 0.29$，$\zeta_k = 2 \times 0.29 = 0.58$；$\zeta_l$ 为软管处局部阻力系数，近似计算为 $\zeta_l = 2 \times \left(0.16 \times \frac{45°}{90°} \right) = 0.16$。$\zeta_x$ 为出口局部阻力系数，$\zeta_x = 1$。

$$\sum \Delta p_{\zeta 1} = \left[0.5 \times \frac{11.8^2}{2 \times 9.81} + (2 + 3.1) \times \frac{15.1^2}{2 \times 9.81} + (1.2 + 3.1 + 0.29 \right.$$

$$\left. + 0.29 + 0.29 + 0.16 + 2 \times 0.29 + 1) \times \frac{11.38^2}{2 \times 9.81} \right] \times 56.5 \tag{5-28}$$

$$= 6\,126(\text{N/m}^2) = 6.126 \times 10^{-3}(\text{MPa})$$

流经元件、辅件的压力损失如下。

流经减压阀的压力损失较小可忽略不计，其余损失为

$$\sum \Delta p_{\zeta 2} = \Delta p_b + \Delta p_d + \Delta p_g \tag{5-29}$$

式中，Δp_b 为流经分水滤气器的压力损失；Δp_d 为流经油雾器的压力损失；Δp_g 为流经截止式换向阀的压力损失。

查表 5-4 得 $\Delta p_b = 0.02\text{MPa}$，$\Delta p_d = 0.015\text{MPa}$，$\Delta p_g = 0.015\text{MPa}$，则

$$\sum \Delta p_{\zeta 2} = \Delta p_b + \Delta p_d + \Delta p_g = 0.02 + 0.015 + 0.015 = 0.05(\text{MPa}) \tag{5-30}$$

总局部压力损失：

$$\sum \Delta p_\zeta = \sum \Delta p_{\zeta 1} + \sum \Delta p_{\zeta 2} = 6.126 \times 10^{-3} + 0.05 = 0.0561(\text{MPa}) \tag{5-31}$$

总压力损失：

$$\sum \Delta p = \sum \Delta p_l + \sum \Delta p_\zeta = 5.60 \times 10^{-3} + 0.0561 = 0.062(\text{MPa}) \tag{5-32}$$

考虑排气口消声器等未计入的压力损失：

$$\sum \Delta p_j = K_{\Delta p} \cdot \sum \Delta p \tag{5-33}$$

$K_{\Delta p} = 1.05 \sim 1.3$，取 $K_{\Delta p} = 1.1$，则

$$\sum \Delta p_j = 1.1 \sum \Delta p = 1.1 \times 0.062 = 0.068(\text{MPa}) \tag{5-34}$$

从 $\sum \Delta p$ 计算可知，因为压力损失主要在气动元件、辅件上，所以在不要求精确计算的场合，可不细算，只要在安全系数 $K_{\Delta p}$ 中取较大值就可以了。

$$\sum \Delta p_j = 0.068\text{MPa} < [\sum \Delta p] = 0.01\text{MPa} \tag{5-35}$$

执行元件需工作压力 p=0.4MPa，压力损失 $\sum \Delta p_j$=0.068MPa。供气压力为 0.5MPa> p+ $\sum \Delta p_j$=0.0469MPa，说明供气压力满足了执行元件需要的工作压力，故以上选择的通径和管径是可以使用的。

（7）空压机的选择

在选择空压机之前，必须算出一台用气设备中两个气缸的平均空气量：

$$Q_{Z_A} = Q_A \frac{p + 0.1013}{0.1013} = 2.01 \times 10^{-3} \times \frac{0.4 + 0.1013}{0.1013} = 9.95 \times 10^{-3} \ (\text{m}^3/\text{s})$$

$$Q_{Z_B} = Q_B \frac{p + 0.1013}{0.1013} = 7.40 \times 10^{-3} \times \frac{0.4 + 0.1013}{0.1013} = 3.66 \times 10^{-2} \ (\text{m}^3/\text{s}) \tag{5-36}$$

气缸的理论用气量由下式计算。

$$\sum_{i=1}^{n} Q_Z = \sum_{i=1}^{n} \left\{ \left[\sum_{j=1}^{m} \alpha_j Q_{z_j} t_j \right] \Big/ T_i \right\} \tag{5-37}$$

式中，Q_Z 为一台用气设备上的气缸总用气量；n 为用气设备台数，本例中有两台炉子，故 n=2；m 为一台设备上的用气执行元件个数，本例中一台炉子上有 A 和 B 两个缸用气，故 m=2；α_j 为气缸 j 在一个周期内单程作用次数，本例中，每个气缸一个周期内单程作用一次 $\alpha_1 = \alpha_2 = 1$；Q_{Zj} 为一台设备中气缸 j 在一个周期内的平均用气量，本例中 $Q_{Z1} = Q_{ZA} = 9.95 \times 10^{-3}\text{m}^3/\text{s}$，$Q_{Z2} = Q_{ZB} = 3.66 \times 10^{-2}\text{m}^3/\text{s}$；$t_j$ 为气缸 j 一个单行程的时间，本例中 $t_1 = t_2 = t_A = t_B = 6\text{s}$；$T_i$ 为设备 i 的一次工作循环时间，本例中 $T_1 = T_2 = 2t_A + 2t_B = 24\text{s}$。

若考虑左右两台炉子的气缸都由一台空压机供气，则气缸的理论用气量为

$$\sum_{i=1}^{n} Q_Z = 2 \left[\left(1 \times Q_{ZA} t_A + 1 \times Q_{ZB} t_B \right) / 24 \right] = 2 \left[\left(1 \times 9.95 \times 10^{-3} \times 6 + 1 \times 3.66 \times 10^{-2} \times 6 \right) / 24 \right]$$

$$= 2.33 \times 10^{-2} \ (\text{m}^3/\text{s}) \tag{5-38}$$

取设备利用系数 φ=0.95，漏损系数 K_1=1.2，备用系数 K_2=1.3，则两台炉子气缸的理论用气量 Q_j 为

$$Q_j = \varphi K_1 K_2 \sum_{i=1}^{n} Q_Z = 0.95 \times 1.2 \times 1.3 \sum_{i=1}^{n} Q_Z = 0.95 \times 1.2 \times 1.3 \times 2.33 \times 10^{-2}$$

$$= 3.45 \times 10^{-2} (\text{m}^3/\text{s}) = 2.07 (\text{m}^3/\text{min}) \tag{5-39}$$

如无气源系统而需单独供气时，可按供气压力≥0.5MPa，流量 Q_j=2.08m³/min，查有关手册选用 4S-2.4/7 型空压机，该空压机的额定排气压力为 0.7MPa，额定排气量为 2.4m³/min。

三、气动系统设计实践

通过项目三的分析得知，搬运工作站中主要有 3 个气动系统，分别为工件抓取气动系统、物料推送气动系统和废料剔除气动系统。

1. 工件抓取气动系统设计

（1）工作要求

手指气缸驱动手指完成对工件的抓取动作，其行程需满足手指能够

微课

气动系统设计实践

松开工件和抓紧工件。

（2）回路设计

一般气动回路的设计都会将空压机输出的压缩空气经过干燥和稳压处理，再投入使用，由于手爪需松开和抓紧工件，即需实现对执行元件的换向操作，因此在压缩空气进入执行元件前，需先经过换向阀，且从气缸排出的空气还需进行降噪处理，保证教学质量。综上分析得到手爪气动控制回路如图 5-56 所示。

（3）选择执行元件

由于该工作站的应用环境良好、无冲击、对精度要求不高、工件质量轻，且仅需直线的往复运动，选用轻型的普通固定式手指气缸即可，同时考虑成本问题，因此选用双作用手指气缸；又因需满足手指能够松开工件和抓紧工件，且工件尺寸不大，故选用行程为 6mm 的手指气缸即可满足要求；因工件质量不大，对手指气缸输出力的要求也不大，进而选用小缸径的手指气缸即可，参考资料，根据手指气缸缸径和行程选取的优先系列，该工作站选用的手指气缸缸径为 ϕ16mm。

（4）选择控制元件

由于双作用气缸换向回路通常选用二位五通换向阀，控制双作用缸伸缩换向，因此该工作站选用了二位五通换向阀，用来实现手指松开工件和抓紧工件的动作，由于手指气缸的耗气量很小，故可初选换向阀的通径为 ϕ4mm。

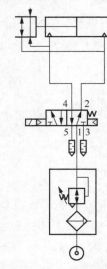

图 5-56　手爪气动控制回路

同时还选用了减压阀，用来调节系统压力，使系统压力稳定，为了使所选管道的通径一致，减压阀的通径也选为 ϕ4mm。

（5）选择气辅原件

为了得到干燥的气源，选用了分水滤气器，可去除压缩空气中的水分；为了减少噪声，保持环境清洁，选用了消声器，起消声、滤尘作用。

（6）确定管道直径、计算压力损失

由所选择的执行元件和控制元件，初步确定管道直径为 ϕ4mm。

由表 5-4 可得到，该气动系统所选元件的压力损失（按表中 ϕ3mm 管径选择）：分水滤气器的压力损失可忽略不计，减压阀的为 0.025MPa，换向阀的为 0.025MPa，消声器的为 0.022MPa，由 $K_{\Delta p}$=1.05 ～ 1.3，取 $K_{\Delta p}$=1.2，则由式（5-5）可得总压力损失为

$$\sum \Delta p = K_{\Delta p} \sum \Delta p_{\zeta 2} = 1.2 \times (0.025 + 0.025 + 0.022) = 0.086\ 4 (\mathrm{MPa}) \qquad （5\text{-}40）$$

执行元件需工作压力 p=0.4MPa，总压力损失 $\sum \Delta p$=0.086 4MPa。供气压力为 0.6MPa>p+$\sum \Delta p$=0.486 4MPa，说明供气压力满足了执行元件需要的工作压力，故以上选择的通径和管径是可以使用的。

（7）选择空压机

由于该工作站选用的都是小型气缸，耗气量较小，进而对空压机的供气量要求较小，且该工作站为单独供气，可按供气压力 $\geqslant$ 0.6MPa 选择小型空压机。

2. 物料推送气动系统设计

（1）工作要求

气缸需要满足行程需求，且需要将料块从料井中完全推出，并且在返回气缸的原点时不

会影响料块在料井中的下降。

（2）回路设计

与手指气缸同理，空压机输出的压缩空气一般需经过干燥和稳压处理，再投入使用，由于需不断地推送物料，即需实现对执行元件的换向操作，因此在压缩空气进入执行元件前，需先经过换向阀，同时为了保证物料推送过程中的平稳，还需添加节流阀，且从气缸排出的空气也需进行降噪处理，以保证教学质量。

气缸气动控制回路如图 5-57 所示。

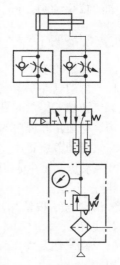

（3）选择执行元件

物料推送气缸需实现对料井中料块逐一推送的工作，且考虑到成本问题，该工作站选用双作用气缸；为了将料块从料井中完全推出，考虑到工作台上料井和传送带的安装情况，选用气缸的行程为 50mm；同样因工件质量不大，随气缸的输出力的要求也不大，进而选用小缸径的气缸即可，又考虑到料块需平稳到达料井底部，故选用两个同样的推送气缸固定在一起工作，根据气缸缸径和行程选取的优先系列，该工作站选用的推送气缸缸径为 ϕ10mm。

由于气缸在推出过程中可能会遇到料块卡住或活塞杆在前限位或后限位长时间无法动作的情况，因此在气缸的前限位和后限位可分别安装传感器，这样当这种情况发生时，系统可自动报警并停止运行。

图 5-57　气缸气动控制回路

（4）选择控制元件

为防止发生振动较大、物料易飞出的现象，需调节对气缸推送时的速度，且因在气缸返回原点时不能影响料块在料井中的下降，气缸的返回速度也需可调，需选用节流阀，而调节速度一般有进气节流和排气节流两种，但多采用后者，因用排气节流比进气节流的方法稳定、可靠。综上，在推送和返回的排气处均安装了单向节流阀。

同样由于双作用气缸换向回路通常选用二位五通换向阀，控制双作用缸伸缩换向，因此该工作站选用了二位五通换向阀，用来实现气缸不断推送物料的工作，由于气缸的耗气量很小，所以可初选换向阀的通径为 ϕ4mm。

（5）选择气辅原件

为节省成本和安装空间，可使物料推送气缸与手指气缸共用一套处理压缩空气的气辅元件。

（6）确定管道直径、计算压力损失

由所选择的执行元件和控制元件，初步确定管道直径为 ϕ4mm。

由表 5-4 可得到该气动系统所选元件的压力损失：分水滤气器的压力损失可忽略不计，减压阀的为 0.025MPa，换向阀的为 0.025MPa，单向节流阀的为 0.025MPa，消声器的为 0.022MPa，由 $K_{\Delta p}$=1.05 ～ 1.3，取 $K_{\Delta p}$=1.2，则由式（5-5）可得总压力损失为

$$\sum \Delta p = K_{\Delta p} \sum \Delta p_{\zeta 2} = 1.2 \times (0.025+0.025+0.025+0.022) = 0.116\ 4(\text{MPa}) \tag{5-41}$$

执行元件需工作压力 p=0.4MPa，总压力损失 $\sum \Delta p$=0.116 4MPa。供气压力为 0.6MPa>p+$\sum \Delta p$=0.516 4MPa，说明供气压力满足了执行元件需要的工作压力，故以上选择的通径和管径是可以使用的。

（7）选择空压机

为节省成本和安装空间，可使物料推送气缸与手指气缸选用同一个空压机。

3. 废料剔除气动系统设计

废料剔除气缸的选型方法和送料气缸的选型方法大致相同，这里就不再赘述了，其中废料气缸的缸径为 ϕ12mm，行程为 40mm。

【思考与练习】

一、填空题

1. 典型的气动系统主要由_____、_____、_____、_____4 部分组成。

2. 气源装置提供的是压缩空气，要有一定的_____和足够的_____，以满足对执行机构运动速度和程序的要求等。

3. 气源调节装置由_____、_____和_____3 部分组成，也称之为三联件。

4. 气动执行元件是将压缩空气的_____转换为_____，驱动机构做直线_____、摆动和_____。

5. 气动马达按结构形式可分为_____气动马达、_____气动马达和_____气动马达等。

6. 气动马达是将压缩空气的压力能转换成_____的能量转换装置，即输出力矩，带动机构做_____。

7. 电磁换向阀是气动元件中最主要的元件，品种繁多，结构各异，但原理区别较小，按控制方式不同分为_____和_____两种。

8. 压力控制阀包括_____、_____、_____及多功能组合阀。

9. 气爪可以分为_____、_____、_____和_____。

10. 气动基本回路分为_____、_____、_____和_____。

二、简答题

1. 气动系统对压缩空气有哪些质量要求？

2. 空气压缩机有哪些类型？如何选用空气压缩机？

3. 简述减压阀的选用原则。

4. 简述溢流阀的选用原则。

5. 简述流量控制阀的选用原则。

6. 简述气缸的选用原则。

7. 简述平直型真空吸盘的工作原理。

8. 在图 5-58 所示的工件夹紧气压传动系统中，怎样调节工件夹紧的时间？

9. 简述气动系统设计步骤及内容。

三、综合题

图 5-59 所示为气动机械手的工作原理图。试分析并回答以下问题。

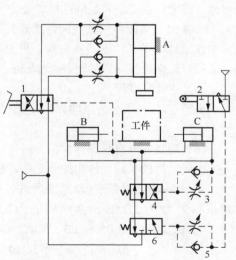

图 5-58　工件夹紧气压传动系统

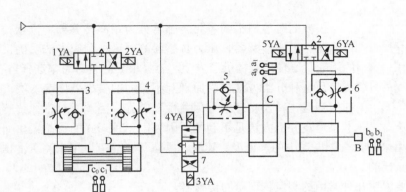

图 5-59 气动机械手的工作原理图

（1）写出元件 1、3 的名称及 b_0 的作用。

（2）填写表 5-7 所示的电磁铁动作顺序表。

表 5-7 电磁铁动作顺序表

电磁铁	垂直缸C上升	水平缸B伸出	回转缸D转位	回转缸D复位	水平缸B退回	垂直缸C下降
1YA						
2YA						
3YA						
4YA						
5YA						
6YA						

任务二 外部传感器选型

【任务描述】

接下来的任务该是选择合适的传感器了，但是，对于如何选择传感器我是完全陌生的，就跑去问 Philip。

Philip："首先你得了解传感器及其分类，在此基础上再通过被测量以及应用环境等选择传感器。"

【任务学习】

一、初识传感器

传感器是一种检测装置，能感受到被测量的信息，并能将感受到的信息，按一定的规律变换成为电信号或其他所需形式的信息输出，以满足信息的传输、处理、存储、显示、记录和控制等要求。

按被测对象的不同可将传感器分为距离传感器、位置传感器、速度传感器、力矩传感器、压力传感器等。这种分类方法明确说明了传感器的用途，给使用者提供了方便，容易根据测量对象来选择需要的传感器，缺点是这种分类方法是将原理互不相同的传感器归为一类，很难找出每种传感器在转换机理上有何共性和差异。因此，对掌握传感器的一些基本原理及分析方法是不利的。因为同一种形式的传感器，如压电式传感器，它可以用来测量机械振动中的加速度、速度和振幅等，也可以用来测量冲击和力，但其工作原理是一样的。

下面简要说明几种常用的测量物理量的传感器。

1. 距离传感器

距离传感器又称位移传感器，距离传感器是利用各种元件检测对象物的物理变化量，通过将该变化量换算为距离，来测量从传感器到对象物的距离的传感器。

距离传感器按照测量原理的不同，分为激光距离传感器、超声波距离传感器和红外距离传感器。

（1）激光距离传感器

激光距离传感器工作时，先由激光二极管（半导体激光器）对准目标发射激光脉冲，经目标反射后，激光向各个方向散射，部分散射光返回到传感器接收器，被光学系统（线性CCD阵列）接收后成像到雪崩光电二极管（信号处理器）上。雪崩光电二极管是一种内部具有放大功能的光学传感器，因此它能检测极其微弱的光信号，记录并处理从光脉冲发出到返回被接收所经历的时间，即可测定目标距离，如图5-60所示。激光距离传感器必须极其精确地测定传输时间，因为光速太快。

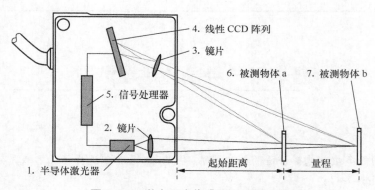

图 5-60　激光距离传感器测距原理图

（2）超声波距离传感器

超声波距离传感器（也称超声换能器、超声探头）主要通过发送超声波并接收超声波来对某些参数或事项进行检测。超声波对液体、固体的穿透本领很大，尤其是在阳光照不透的固体中，它可穿透几十米的深度。超声波碰到杂质或分界面会产生显著反射形成反射回波（见图5-61），碰到活动物体能产生多普勒效应。因此超声波检测广泛应用在工业、国防、生物医学等方面。

（3）红外距离传感器

红外距离传感器利用红外信号遇到障碍物距离不同反射强度也不同的原理，检测障碍物的远近。如图 5-62 所示，红外测距传感器具有一对用于红外信号发射与接收的二极管，发射管发射特定频率的红外信号，当红外的检测方向遇到障碍物时，红外信号反射回来被接收管接收，经过处理之后，通过数字传感器接口返回到机器人主机，机器人即可利用红外的返回信号来识别周围环境的变化。

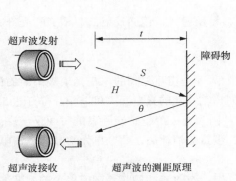

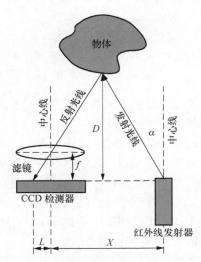

图 5-61　超声波距离传感器测距原理图　　　　图 5-62　红外距离传感器测距原理图

2. 位置传感器

位置传感器是能感受被测物的位置并转换成可用输出信号的传感器，位置传感器有时也叫接近开关，它测量的不是一段距离的变化量，而是通过检测，确定是否已达到某一位置。因此它不需要产生连续变化的模拟量，只需要产生能反映某种状态的开关量即可。

位置传感器根据检测方式的不同可分为接触式位置传感器和接近式位置传感器。

（1）接触式位置传感器

常见的接触式位置传感器有行程开关、二维矩阵式位置传感器等。

① 行程开关

如图 5-63 所示，当某个物体在运动过程中，碰到行程开关外部触点时，其内部触点会动作，形成接通或断开的状态，通过导线的连接，在触点两端施加一个电压，从而输出开关量。

通常，行程开关被用来限制机械运动的位置或行程，使运动机械按一定的位置或行程自动停止、反向运动、变速运动或自动往返运动等。

② 二维矩阵式位置传感器

二维矩阵式位置传感器具有多个位置触点，一般安装于机械手掌内侧，可检测自身与某个物体的接触位置。如图 5-64 所示，通过矩阵式排布的触点，能够检测到机械接触的具体位置。

（2）接近式位置传感器

常见的接近式位置传感器有光电式位置传感器、涡流式位置传感器、电容式位置传感器、霍尔式位置传感器等。

① 光电式位置传感器

光电式位置传感器也称光电传感器或光电开关，它是利用光电效应做成的位置传感器。将发光器件（发射器）与光电器件（接收器）按一定方向装在同一个检测头内。当被检测物体反光面接近时，光电器件接收到反射光后输出信号，如图 5-65 所示。

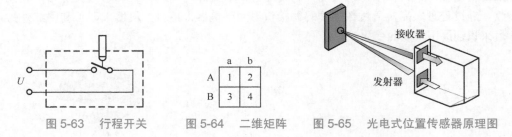

图 5-63　行程开关　　　图 5-64　二维矩阵　　图 5-65　光电式位置传感器原理图

光电式位置传感器按检测方式可分为对射式、漫反射式、镜面反射式、槽式和光纤式光电传感器。

a. 对射式传感器

对射式传感器由发射器和接收器组成，结构上两者是相互分离的，在光束被中断的情况下会产生一个开关信号变化，典型的方式是位于同一轴线上的光电开关可以相互分开达 50m。

特征：辨别不透明的反光物体；有效距离大，因为光束跨越感应距离的时间仅一次；不易受干扰，可以在野外或者有灰尘的环境中使用；装置的消耗高，两个单元都必须敷设电缆。

b. 漫反射式传感器

当漫反射式传感器发射光束时，目标产生漫反射，发射器和接收器构成单个的标准部件，当有足够的组合光返回接收器时，开关状态发生变化，作用距离的典型值一般为 3m。

特征：有效作用距离是由目标的反射能力决定的，主要取决于目标表面性质和颜色。

c. 镜面反射式传感器

镜面反射式传感器由发射器和接收器组成，从发射器发出的光束在对面的反射镜被反射，即返回接收器，当光束被中断时会产生一个开关信号的变化。光的通过时间是两倍的信号持续时间，有效作用距离在 0.1 ～ 20m。

特征：辨别不透明的物体；借助反射镜部件，形成高的有效距离范围；不易受干扰，可以在野外或者有灰尘的环境中使用。

d. 槽式传感器

槽式光电传感器通常是标准的 U 形结构，其发射器和接收器分别位于 U 形槽的两边，并形成一光轴，当被检测物体经过 U 形槽且阻断光轴时，光电传感器就产生了检测到的开关量信号。槽式光电传感器比较安全可靠，适合检测高速变化，分辨透明与半透明物体。

e. 光纤式传感器

光纤式光电传感器采用塑料或玻璃光纤传感器来引导光线，以实现被检测物体不在相近区域的检测。通常光纤传感器又分为对射式和漫反射式。

光电式位置传感器有动作可靠，性能稳定，频率响应快，应用寿命长，抗干扰能力强，防水、防振、耐腐蚀等特点，但是光学器件和电子器件价格昂贵，对测量的环境条件要求较高，广泛应用于产品流水线上的产量统计，装配件是否到位以及装配质量的检测。

② 涡流式位置传感器

涡流式位置传感器也叫电感式传感器，它利用导电物体在接近这个能产生电磁场的接近开关时，使物体内部产生涡流，这个涡流反作用到接近开关（这种接近开关所能检测的物体必须是导电体），使开关内部电路参数发生变化，由此识别出有无导电物体接近，进而控制开关的通或断。其具体工作原理如图 5-66 所示，当线圈 1 通以交流电 I_1 时，其产生的交变磁场 H_1 会在被测导体 2 中产生电涡流 I_2，而 I_2 又产生一交变磁场 H_2 来阻碍 H_1 的变化，从而使线圈的等效电感 L 发生变化。当被测导体的电阻率、磁导率都确定，只有测量位移 x 发生变化时，通过分析提取等效电感与测量位移间的关系，就可以建立电涡流位移传感器。

涡流式位置传感器有结构简单、抗干扰能力强、响应频率高、应用范围广、价格较低等特点，被广泛应用于各种自动化生产线、机电一体化设备等领域。

③ 电容式位置传感器

电容式位置传感器是一种具有开关量输出的位置传感器，它的测量头通常是构成电容器的一个极板，而另一个极板是待测物体的本身，当物体移向接近开关时，物体和接近开关的介电常数发生变化，使得和测量头相连的电路状态也随之发生变化，从而控制开关的接通或断开，如图 5-67 所示。这种接近开关检测的对象，不限于导体，可以是绝缘体或用绝缘体容器盛装的液体或粉状物等。

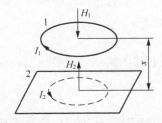

图 5-66　涡流式位移传感器原理图

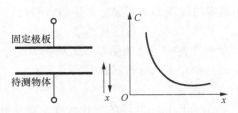

图 5-67　电容式位置传感器原理图

电容式位置传感器有响应频率低，但稳定性好等特点，广泛用在机械运行中的行程控制和限位保护，以及自动生产上的物位检查等。

④ 霍尔式位置传感器

霍尔式位置传感器是利用霍尔元件制成的传感器。当磁性物件靠近霍尔式传感器时，传感器检测面上的霍尔元件因产生霍尔效应使开关内部电路状态发生变化，由此识别附近有无磁性物体存在，进而控制开关的通或断，如图 5-68 所示。这种接近开关的检测对象必须是磁性物体。

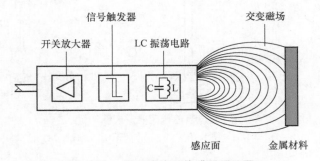

图 5-68　霍尔式位置传感器原理图

霍尔式位置传感器有抗干扰能力强、高可靠、体积小、寿命长等特点，广泛应用于位移、压力的测量。

3. 速度传感器

速度传感器是一种可以检测被测物体的速度并转换成可以利用的输出信号的传感器。速度是指运动的物体在单位时间内位移的变化量，因为速度包括角速度和线速度，所以与它们相对应的就是角速度传感器和线速度传感器，统称为速度传感器。

在机器人自动化技术中，旋转运动速度测量较多，而且直线运动速度也经常通过旋转速度间接测量。目前广泛使用的速度传感器是直流测速发电机，可以将旋转速度转变成电信号。

旋转式速度传感器按安装形式分为接触式旋转速度传感器和非接触式旋转速度传感器两类。

（1）接触式旋转速度传感器

接触式旋转速度传感器是与运动物体直接接触的，这类传感器的工作原理如图5-69所示。当运动物体与旋转式速度传感器接触时，摩擦力带动传感器的滚轮转动，装在滚轮上的转动脉冲传感器发送一连串的脉冲。每个脉冲代表一定的距离值，从而测出线速度 V。

接触式旋转速度传感器结构简单，使用方便。但是接触滚轮的直径与运动物体始终接触着，滚轮的外围将被磨损，从而影响滚轮的周长。而因为脉冲数对每个传感器又是固定的，所以影响传感器的测量精度。要提高测量精度就必须在二次仪表中增加补偿电路。另外接触式难免产生滑差，滑差的存在也将影响测量的正确性。因此，传感器使用中必须施加一定的正压力或者滚轮表面采用摩擦力系数大的材料，尽可能减小滑差。

（2）非接触式旋转速度传感器

非接触式旋转速度传感器与运动物体无直接接触，非接触式测量原理很多，主要有光电流速传感器和光电风速传感器等。

① 光电流速传感器

如图5-70所示，叶轮的叶片边缘贴有反射膜，流体流动时带动叶轮旋转，叶轮每转动一周，光纤传输反光一次，产生一个电脉冲信号，可由检测到的脉冲数，计算出流速。

② 光电风速传感器

如图5-71所示，风带动风速计旋转，经齿轮传动后带动凸轮成比例旋转，光纤被凸轮轮番遮挡形成一串光脉冲，经光电管转换成电信号，经计算可检测出风速。

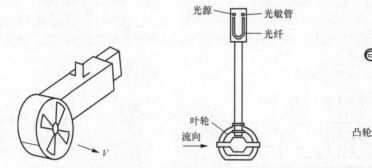

图 5-69　接触式旋转速度　　图 5-70　光电流速传感器原理图　　图 5-71　光电风速传感器原理图
　　　　　　传感器原理图

非接触式旋转速度传感器寿命长，无须增加补偿电路。但脉冲当量不是距离的整数倍，因此速度运算相对比较复杂。

4. 力矩传感器

力矩传感器又称扭矩传感器、扭力传感器、转矩传感器等，主要用来测量各种力矩、转速及机械效率，它将力矩的变化转化成电信号，其精度关系到所在测试系统的精度。力矩传感器的主要特点在于既可以测量静态力矩，也可以测量旋转转矩和动态力矩，并且检测精度高，稳定性好，抗干扰性强。

力矩传感器可分为非接触式力矩传感器、应变片力矩传感器和相位差式转矩转速传感器等。

（1）非接触式力矩传感器

非接触式力矩传感器也是动态力矩传感器，又叫转矩传感器、转矩转速传感器等。如图 5-72 所示，非接触式力矩传感器的输入轴和输出轴由扭力杆连接，漏磁环铆接在输入轴上，跟随输入轴转动，输出轴上有齿条，漏磁环有两排窗口，分别和传感器线圈 L_1、L_2 对应，2 个线圈装配于传感器壳体中。当扭力杆受到转动力矩作用发生扭转时，输出轴齿条与漏磁环窗口的相对位置

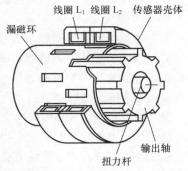

图 5-72　非接触式力矩传感器原理图

被改变，它们的相对位移改变量就是扭力杆的扭转量，这样的过程使得漏磁环窗口的磁感应强度变化，通过线圈转化为电压信号。

非接触式力矩传感器的特点是寿命长、可靠性高、不易受到磨损、有较小的延时、受轴的影响较小，应用范围较为广泛。

（2）应变片力矩传感器

应变片力矩传感器使用的是应变电测技术。如图 5-73 所示，在弹性轴上粘贴应变片，组成测量电桥，当弹性轴受力矩作用发生微小形变时，电桥的电阻值就会发生变化，进而电信号发生变化，实现转矩的测量。

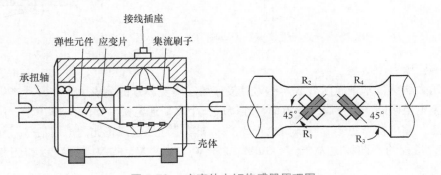

图 5-73　应变片力矩传感器原理图

应变片力矩传感器的特点是分辨能力高、误差较小、测量范围大、价格低廉，便于选择和大量使用。

（3）相位差式转矩转速传感器

相位差式转矩转速传感器就是根据磁电相位差式转矩测量技术，在弹性轴的两端安装两组齿数、形状及安装角完全相同的齿轮，齿轮外侧安装接近传感器。如图 5-74 所示，当弹性轴旋转时，两组传感器的电信号波形产生相位差，从而计算出转矩。

相位差式转矩转速传感器的特点主要是实现了转矩信号的非接触传递，检测的信号是数字信号，转速较高。但是这种转矩传感器体积较大，低速时的性能不理想，因此应用不是很广泛。

力矩传感器作为一种测量各种力矩、转速及机械功率的精密测量仪器，目前主要应用于

电动机、发动机等旋转动力设备检测以及汽车、摩托车、飞机、矿山机械中的力矩及功率检测等。无论是工程制造业、运输业，还是科研院所等，都有力矩传感器的身影。

5. 压力传感器

压力传感器是能感受压力信号，并能按照一定的规律将压力信号转换成可用的输出的电信号的器件或装置。压力传感器通常由压力敏感元件和信号处理单元组成。压力传感器的种类繁多，主要分为应变片压力传感器、陶瓷压力传感器、扩散硅压力传感器、蓝宝石压力传感器和压电式压力传感器。

（1）应变片压力传感器

应变片压力传感器是基于电阻应变效应原理工作的。如图 5-75 所示，被测压力使应变片产生应变。当应变片产生压缩应变时，其阻值减小；当应变片产生拉伸应变时，其阻值增加。应变片阻值的变化，在桥式电路中获得相应的毫伏级电势输出，并用毫伏计或其他记录仪表显示出被测压力，从而组成应变片式压力传感器。

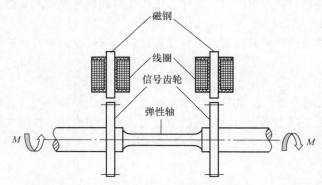

图 5-74　相位差式转矩转速传感器原理图

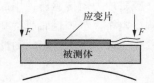

图 5-75　应变片压力传感器原理图

（2）陶瓷压力传感器

陶瓷压力传感器基于压阻效应，压力直接作用在陶瓷膜片的前表面，使膜片产生微小的形变，厚膜电阻印刷在陶瓷膜片的背面，连接成一个惠斯通电桥，如图 5-76 所示。压敏电阻的压阻效应，使电桥产生一个与压力成正比的、与激励电压也成正比的电压信号，标准的信号根据压力量程的不同标定为 2mV、3mV、3.3mV、2V、3V、3.3V 等，可以和应变片压力传感器相兼容。

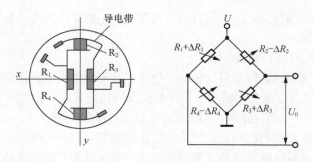

（a）膜片上的厚膜电阻　　　（b）由厚膜电阻组成的惠斯通电桥

图 5-76　陶瓷压力传感器原理图

陶瓷是一种公认的高弹性、抗腐蚀、抗磨损、抗冲击和振动的材料。陶瓷的热稳定特性及它的厚膜电阻可以使它的工作温度范围高达 -40 ~ 135℃，而且具有测量的高精度、高稳定性。电气绝缘程度 >2kV，输出信号强，长期稳定性好。高特性、低价格的陶瓷传感器将是压力传感器的发展方向，在欧美国家有全面替代其他类型传感器的趋势，在中国越来越多的用户使用陶瓷传感器替代扩散硅压力传感器。

（3）扩散硅压力传感器

扩散硅压力传感器的工作原理如图 5-77 所示，被测介质的压力直接作用于传感器硅膜片上（不锈钢或陶瓷），使膜片产生与介质压力成正比的微小位移，使传感器的电阻值发生变化，利用电子线路检测这一变化，并转换输出一个对应于这一压力的标准测量信号。

（4）蓝宝石压力传感器

利用应变电阻式工作原理，采用硅－蓝宝石作为半导体敏感元件，具有无与伦比的计量特性，其工作原理如图 5-78 所示。

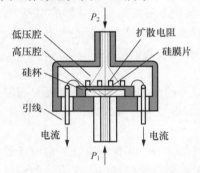

图 5-77　扩散硅压力传感器原理图

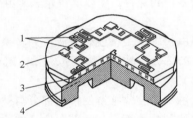

图 5-78　蓝宝石压力传感器原理图

1—单晶硅惠斯通电桥　2—铝压焊点

3—单晶蓝宝石薄膜　4—钛薄膜

蓝宝石由单晶体绝缘体元素组成，不会发生滞后、疲劳和蠕变现象；蓝宝石比硅要坚固，硬度更高，不怕形变；蓝宝石有非常好的弹性和绝缘特性（1 000℃以内），因此，利用硅－蓝宝石制造的半导体敏感元件，对温度变化不敏感，即使在高温条件下，也有很好的工作特性；蓝宝石的抗辐射特性极强；另外，硅－蓝宝石半导体敏感元件，无 P-N 漂移，被焊接在钛合金测量膜片上。被测压力传送到接收膜片上（接收膜片与测量膜片之间用拉杆坚固地连接在一起）。在压力的作用下，钛合金接收膜片产生形变，该形变被硅－蓝宝石敏感元件感知后，其电桥输出会发生变化，变化的幅度与被测压力成正比。

传感器的电路能够保证应变电桥电路的供电，并将应变电桥的失衡信号转换为统一的电信号输出（4 ~ 20mA 或 0 ~ 5V）。在绝对压力传感器和变送器中，蓝宝石薄片与陶瓷基极玻璃焊料连接在一起，起到了弹性元件的作用，将被测压力转换为应变片形变，从而达到测量压力的目的。

（5）压电式压力传感器

压电式压力传感器是基于压电效应的传感器，是一种自发电式和机电转换式传感器。它的敏感元件由压电材料制成。其工作原理如图 5-79 所示，压电元件受力后表面产生电荷。此电荷经电荷放大器和测量电路放大和变换阻抗后，成为正比于所受外力的电量输出。压电式传感器用于测量力和能变换为力的非电物理量。它的优点是频带宽、灵敏度高、信噪比高、结构简单、工作可靠和重量轻等。缺点是某些压电材料需要采取防潮措施，而且输出的直流响应差，需要采用高输入阻抗电路或电荷放大器来克服这一缺陷。

压电式压力传感器中主要使用的压电材料包括石英、酒石酸钾钠和磷酸二氢胺。其中石英（二氧化硅）是一种天然晶体，压电效应就是在这种晶体中发现的，在一定的温度范围之内，压电性质一直存在，但温度超过这个范围之后，压电性质完全消失（这个高温就是所谓的"居里点"）。而酒石酸钾钠具有很大的压电

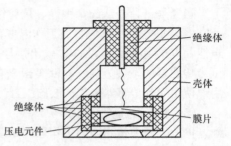

图 5-79　压电式压力传感器原理图

灵敏度和压电系数，但是它只有在室温和湿度比较低的环境下才能够应用。因为磷酸二氢胺能够承受高温和相当高的湿度，所以压电式压力传感器已经得到了广泛的应用。

压电效应也应用在多晶体上，如压电陶瓷，包括钛酸钡压电陶瓷、锆钛酸铅压电陶瓷（PZT）、铌酸盐系压电陶瓷、铌镁酸铅压电陶瓷等。压电效应是压电传感器的主要工作原理，压电传感器不能用于静态测量，因为经过外力作用后的电荷，只有在回路具有无限大的输入阻抗时才得到保存。所以这决定了压电传感器只能够测量动态的应力。

6. 温度传感器

温度传感器是指能感受温度并转换成可用输出信号的传感器。温度传感器是温度测量仪表的核心部分，品种繁多，按测量方式可分为接触式和非接触式两大类。

（1）接触式温度传感器

接触式温度传感器的检测部分与被测对象有良好的接触，又称温度计。温度计通过传导或对流达到热平衡，从而使温度计的示值能直接表示被测对象的温度。温度计的测量精度一般都较高。在一定的测温范围内，温度计也可测量物体内部的温度分布。但对于运动体、体积小或热容量很小的对象，则会产生较大的测量误差。

常用的温度计有双金属温度计、玻璃液体温度计、压力式温度计、电阻温度计、热敏电阻和温差电偶等。它们广泛应用于工业、农业、商业等部门。在日常生活中人们也常常使用这些温度计。随着低温技术在国防工程、空间技术、冶金、电子、食品、医药和石油化工等部门的广泛应用和超导技术的研究，测量 120K 以下温度的低温温度计得到了发展，如低温气体温度计、蒸汽压温度计、声学温度计、顺磁盐温度计、量子温度计、低温热电阻和低温温差电偶等。低温温度计要求感温元件体积小、准确度高、复现性和稳定性好。利用多孔高硅氧玻璃渗碳烧结而成的渗碳玻璃热电阻就是低温温度计的一种感温元件，可用于测量 $1.6 \sim 300K$ 的温度。

（2）非接触式温度传感器

非接触式温度传感器敏感元件与被测对象互不接触，又称非接触式测温仪表。这种仪表可用来测量运动物体、体积小和热容量小或温度变化迅速（瞬变）对象的表面温度，也可用于测量温度场的温度分布。

最常用的非接触式测温仪表基于黑体辐射的基本定律，称为辐射测温仪表。辐射测温法包括亮度法（见光学高温计）、辐射法（见辐射高温计）和比色法（见比色温度计）。各类辐射测温方法只能测出对应的光度温度、辐射温度或比色温度。只有对黑体（吸收全部辐射并不反射光的物体）所测温度才是真实温度。如欲测定物体的真实温度，则必须修正材料表面的发射率。而材料表面发射率不仅取决于温度和波长，而且与表面状态、涂膜和微观组织等

有关，因此很难精确测量。在自动化生产中往往需要利用辐射测温法来测量或控制某些物体的表面温度，如冶金中的钢带轧制温度、轧辊温度、锻件温度和各种熔融金属在冶炼炉或坩埚中的温度。

图 5-80 所示为一种非接触式温度传感器——热电型红外线传感器的工作原理。在热电体自发性极化表面上，由于吸附了大气中的浮游电荷而中和。当该热电体的温度由 T 变化到 $(T+\Delta T)$ 时，内部自发性极化的大小也产生变化，如图 5-80（a）所示。这时，由于表面电荷不像自发性极化那样快速地随温度变化而相应地变化，所以在短时间内能观测到热电体表面上自发性极化的变化部分的电荷（见图 5-80（a）中没被虚线包围的那部分电荷）。当采用图 5-80（b）所示的方法，即在热电板上下两面的电极间接上高阻抗负载时，便可把随温度变化的电荷作为输出电压输出。

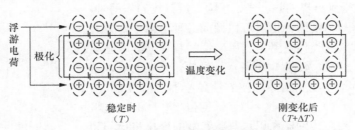

（a）由热电体温度的变化而引起表面电荷的变化

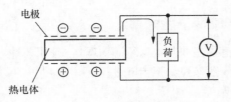

（b）输出检测方法

图 5-80　热电型红外线传感器原理图

由于热电型传感器是要检测过渡状态时的温度变化（见图 5-80（b）），所以当热电板温度变化后，处于稳定状态时就没有输出了。即该型传感器用作温度计使用时，需要斩波器断续入射红外线，从而使热电板产生温度变化。

7. 流量传感器

流量是工业生产中的重要参数。在工业生产过程中，很多原料、半成品、成品都是以流体状态出现的，流体的流量就成为决定产品成分和质量的关键，也是生产成本核算即合理使用能源的重要依据。此外，为了保证制造业无故障检测和检测结果的可靠性，许多过程都需要液体或气体介质的流入和流出量保持一致，在自动化生产中，除了压力和温度外，流量的测量也非常重要。因此流量的测量和控制是自动化的重要环节。

流量传感器是能感受流体流量并转换成可用输出信号的传感器，按照流量的定义主要应用于气体和液体流量的检测。其原理为将传感器放在流体的通路中，由流体对传感器和传感器对流体的相互作用测出流量的变化。

8. 颜色传感器

颜色传感器又叫色彩传感器，是一种传感装置，是将物体颜色同前面已经示教过的参考颜色进行比较来检测颜色的装置。当两个颜色在一定的误差范围内相吻合时，输出检测结果。

颜色传感器一直用装配线来检测特定的组件。颜色传感器的挑战是检测差异相似或高度反光的颜色。例如，金属涂料在汽车工业中使用很难区分灰度的颜色。颜色传感器通过数量有限的颜色就可以进行检测，并通过它们有限的能力迅速改变设置或处理多个颜色。

9. 色标传感器

色标传感器可对各种标签进行检测，即使与背景颜色有着细微差别的颜色也可以检测到，处理速度快。色标传感器常用于检测特定色标或物体上的斑点，它通过与非色标区相比较来实现色标检测，而不是直接测量颜色。

10. 磁性传感器

磁性材料在受到外界的热、光、压力、放射线的作用时，其磁特性会改变。利用这种物质可以做成各种可靠性好、灵敏度高的传感器，这类传感器是利用磁性材料作为其敏感元件，故称磁性传感器。如图 5-81 所示，磁性传感器的输入量有热、光、应力、射线、磁等，使磁性传感器（磁性材料）的最大磁通密度（B_m）、矫顽磁力（H_c）、导磁率（μ）或电阻（R）发生变化。磁性传感器利用这些磁参数的变化将检测到的信息转换成电信号。

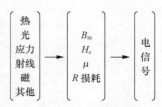

图 5-81　磁性传感器原理图

二、传感器选型方法

微课

传感器选型方法

传感器主要是根据所测物理量、使用条件、灵敏度、量程等进行选择，其选型一般按照如下步骤进行。

1. 明确要测量的物理量

在选择传感器之初，首先应明确要测量的物理量，根据被测量选择相应的传感器类型，如测量力矩时，应选用力矩传感器。

2. 明确传感器的使用条件

传感器的使用条件即为设置的场所环境（湿度、温度、振动等），测量的时间，与显示器之间的信号传输距离，与外设的连接方式等。

（1）环境

对环境有明确要求的情况会对传感器的可靠性有特定的要求。在机械工程中，有些机械系统或自动化加工过程，往往要求传感器能长期使用而不需要经常更换或校准。其工作环境又比较恶劣，尘埃、油剂、温度、振动等干扰严重。例如，热轧机系统控制钢板厚度的射线检测装置，用于自适应磨削过程的测力系统或零件尺寸的自动检测装置等，在这种情况下应对传感器可靠性有严格的要求。

此外，为了保证传感器在应用中具有较高的可靠性，事前需选用设计、制造良好，使用条件适宜的传感器；在使用过程中，应严格保持规定的使用条件，尽量减轻使用条件的不良影响。例如，对于电阻应变式传感器，湿度会影响其绝缘性，温度会影响其零漂，长期使用会产生蠕变现象。而对于变间隙型的电容传感器，环境湿气或浸入间隙的油剂，会改变介质的介电常数。光电传感器的感光表面有尘埃或水汽时，会改变光通量、偏振性或光谱成分等。

（2）测量的时间

测量的时间会影响传感器的响应特性。利用光电效应、压电效应等的物性型传感器，响应较快，可工作频率范围宽。而结构型传感器，如电感、电容、磁电式传感器等，往往由于结构中的机械系统惯性的限制，其固有频率低，可工作频率较低。

（3）与显示器之间的信号传输距离

与显示器之间的信号传输距离会影响信号的引出方法（有线式或无线式），当距离过远时，如采用有线连接，会使布线工程量大，且由于使用实体线，其线路容易损坏，一旦出错，就不得不换掉整条线，维护不易。相比之下，无线式接线主要在于相关设备的维护，相对较为容易，且在系统需要改变时，无线式可以根据需要进行规划和随时调整，省去了巨额的工作量。

（4）与外设的连接方式

与外设的连接方式确定了传感器的测量方式是接触式还是非接触式。在机械系统中，运动部件的被测量（如回转轴的误差运动、振动、扭力矩），往往需要非接触测量。因为对部件的接触式测量不仅造成对被测系统的影响，而且有许多实际困难，诸如测量头的磨损、接触状态的变动、信号的采集都不易妥善解决，也易于造成测量误差。采用电容式、涡电流式等非接触式传感器，会有很大方便。若选用电阻应变片，则需配以遥测应变仪，或其他装置。

3. 需考虑的一些具体问题

灵敏度的高低、线性范围的大小、能否真实地反映被测量值等也是传感器选型时需考虑的具体问题。

（1）灵敏度

传感器的灵敏度越高越好，因为灵敏度越高，传感器能感知的变化量越小，被测量稍有微小变化时，传感器就有较大的输出。但是，在确定灵敏度时，要考虑以下问题。

① 当传感器的线性工作范围一定时，传感器的灵敏度越高，干扰噪声就越大，难以保证传感器的输入在线性区域内工作。过高的灵敏度，影响其适用的测量范围，应要求传感器的信噪比越大越好。

② 当被测量是一个单向量时，就要求传感器单向灵敏度越高越好，而横向灵敏度越小越好；如果被测量是二维或三维的向量，那么还应要求传感器的交叉灵敏度越小越好。

（2）线性范围

任何传感器都有一定的线性范围，在线性范围内输出和输入成比例关系。线性范围越宽，表明传感器的工作量程越大。传感器工作在线性区域内，是保证测量精确度的基本条件。例如，机械式传感器中的测力弹性元件，其材料的弹性极限是决定测力量程的基本因素，当超过弹性极限时，会产生线性误差。然而任何传感器都不容易保证其绝对线性，在许可限度内，可以在其近似线性区域应用。变间隙式的电容、电感传感器，均采用在初始间隙附近的近似线性区内工作。选用时必须考虑被测量的变化范围，令其线性误差在允许范围内。

（3）精确度

传感器处于测试系统的输入端，能否真实地反映被测量值，对整个测试系统具有直接影响。然而，也并非要求传感器的精确度越高越好，还应考虑经济性。传感器精确度越高，价格越昂贵。因此应从实际出发，尤其应从测试目的角度来选择。首先应了解测试目的，判定是定性分析还是定量分析。如果属于相对比较的定性试验研究，只需获得相对比较值即可时，则无须要求绝对量值，而应要求传感器的精密度高。如果属于定量分析，就必须获得精确量值，因而要求传感器有足够高的精确度。例如，研究超精密切削机床运动部件的定位精确度，主轴回转运动误差、振动及热变形等，往往要求测量精确度为 0.1 ～ 0.01μm，欲测得这样的量值，就必须采用高精确度的传感器。

4. 其他要求

除了以上选用传感器时应充分考虑的一些因素外，还应尽可能兼顾结构简单、体积小、重量轻、价格便宜、易于维修、易于更换等要求。

选择一种传感器，用于二足机器人的脚底，主要研究行走或受外力干扰时，通过动态平衡控制使行走更趋于稳定，并增强站立时的稳定性。二足机器人站立时高为 320mm，宽为 230mm，质量约为 1.5kg。

由于是测量压力对机器人的干扰，所以选择压力传感器。又由于机器人重量轻，受到较小的外界干扰，也会影响机器人的平衡，因此选择灵敏度较高的压力感应电阻（FSR），FSR 由一种随着有效表面上的压力增大而输出阻值减小的高分子薄膜（PVDF 薄膜）组成。

压力感应电阻是著名的 Interlink Electronics 公司生产的一款重量轻、体积小、感测精度高、超薄型压力传感器。当压力感应电阻感应面的压力增大时，其阻抗就会减小，从而取得压力数据。其可用于机械手末端夹持器感测夹持物品有无、仿生机器人足下行走地面感测、哺乳类动物咬力测试生物实验，应用范围极其广泛。

FSR 共有 4 种类型传感器，分别为 FSR400、FSR402、FSR406、FSR408，它们的区别在于接触面积和厚度不同。其中 FSR400 有效面积为 0.2mm²，层最厚部分为 0.012mm；FSR402 有效面积为 0.5mm²，层最厚部分为 0.018mm；FSR406 有效面积为 1.5mm×1.5mm，层最厚部分为 0.018mm；FSR408 有效面积为 24mm×0.25mm，层最厚部分为 0.135mm。由于二足机器人重量较轻，且需要在脚底安装多个压力感应电阻进行精密测量，所以选择 FSR400。图 5-82 所示为 FRS400 压力感应电阻，图 5-83 所示为其性能曲线。

图 5-82 FRS400 压力感应电阻　　　　图 5-83 FRS400 的性能曲线

FRS400 的部分参数如表 5-8 所示。

表 5-8　　　　　　　　　　　　　　FRS400 部分参数

参数	量程	灵敏度	精度	力分辨率	延时时间	温度范围	价格
值	0～10kg	100g～10kg	±5%～±25%	充分利用力的 ±0.5%	1～2ms	-30～+70℃	76元/个

根据以上参数，FRS400 适用于二足机器人的动态平衡控制，可进行实验。

提示

PVDF是有机压电材料，又称压电聚合物。这类材料及其材质以柔韧、低密度、低阻抗和高压电电压常数（g）等优点为世人瞩目，且发展十分迅速，在水声超声测量、压力传感、引燃引爆等方面获得应用。不足之处是压电应变常数（d）偏低，使之作为有源发射换能器受到很大的限制。

三、传感器选型实践

在之前项目的学习当中，多处提到需添加传感器，分别为料库单元设计小节提到的检测料库是否有料的传感器，料井单元设计小节提到的检测料井是否有料的传感器，以及气动系统设计实践小节提到的检测推送/剔除气缸活塞位置的传感器。此外，在视觉系统拍照检测料块形状时，需料块在视觉检测的位置处停止一定时间，完成相机的拍摄工作，进而需在视觉检测的位置安装传感器，当检测到有料块通过时，可通知视觉系统进行检测工作，并暂停电机。工作站还需检测料块的颜色，因此还需安装传感器用于检测料块颜色。现总结上述传感器的选用原因如下。

微课

传感器选型实践

1. 检测料库是否有料

该处传感器的作用为检测料库是否有料，即检测在指定位置处是否有料，因此需选用位置传感器，而传感器不能与工件接触，因此选择非接触式传感器，进而需在接近开关中选择。由于该工作站的使用环境良好，无须考虑环境对传感器的影响。在接近开关中，由于光电检测方法的成本相对其他类型的接近开关要低，且精度高，反应快，性能可靠，对目标变化的反射性能敏感，因此选用光电传感器，又由于检测距离不长，所以选用漫反射光电传感器即可。

检测物料是否到达形状检测处，以及检测物料是否到达传送带末端这两处的传感器的目的也是检测在指定位置处是否有料，因此与检测料库是否有料的传感器选用原因相同，都选用漫反射光电传感器。

2. 检测料井是否有料

同样是检测指定位置处是否有料，需选用接近开关，但考虑到需在料井侧面打孔安装，且料井尺寸有限，而漫反射光电传感器的尺寸相对较大，因此选用占用空间较小的光纤传感器。

3. 检测推送/剔除气缸活塞位置

在该处安装传感器可保证气缸的有效运行，一般在购买气缸时，厂家会为气缸配带磁性传感器，如无特殊要求，不需要自行选择。因此该工作站选用厂家配套的磁性传感器。

4. 检测物料颜色

由于该工作站需检测工件的颜色，而该工作站的工件仅有两种色度：浅色和深色，因此选用色标传感器即可。

〔思考与练习〕

传感器在选择时需考虑的参数有哪些？请列举至少5种。

任务三　PLC 选型

【任务描述】

　　PLC（可编程逻辑控制器）是工业机器人系统集成的控制核心，主要用来协调工作站中各元器件的动作和功能，实现集成系统的自动化运行。因此，合理选择 PLC 对于提高 PLC 在控制系统中的应用起着重要的作用。

【任务学习】

一、PLC 选型方法

微课

PLC 选型方法

　　PLC 以其结构紧凑、应用灵活、功能完善、操作方便、速度快、可靠性高、价格低等优点，已经越来越广泛地应用于自动化控制系统中，并且在自动化控制系统中起着非常重要的作用，已成为与分布式控制系统（DCS）并驾齐驱的主流工业控制系统。世界上约有 200 多个 PLC 生产厂家，如美国的 AB 公司、莫迪康公司、GE 公司，德国的西门子公司，日本的欧姆龙公司、三菱电机公司以及中国的浙江浙大中控信息技术有限公司等。对于不同的工业控制需求，应当选择合适的 PLC。

1. 根据应用行业选择 PLC

　　从产品类型和生产工艺组织方式上，企业的行业类型可分为流程生产行业和离散制造行业。典型的流程生产行业有医药、石油化工、电力、钢铁制造、能源、水泥等领域，这些企业主要采用按库存、批量、连续的生产方式。典型的离散制造行业主要包括机械制造、电子电器、航空制造、汽车制造等行业，这些企业既有按订单生产的，也有按库存生产的，既有批量生产，也有单件小批生产。而两种行业对 PLC 的要求不尽相同。

　　① 离散制造业企业由于是离散加工，产品的质量和生产率很大程度依赖于工人的技术水平，自动化主要在单元级，如数控机床、柔性制造系统等，因此自动化水平相对较低，对 PLC 的要求也就相对较低，可根据具体的实际需求选择 PLC。但离散工厂中还有很多地方要用到运动控制，如印刷行业、轮胎行业、日用品行业等，因此很多工厂要求 PLC 能够集成运动控制。

　　② 流程工业企业采用大规模生产方式，生产工艺技术成熟，生产过程多数是自动化，生产车间的人员主要是管理、监视和检修设备，因此对 PLC 的要求较高，一般选用高端 PLC。

2. 根据应用环境选择 PLC

　　PLC 是用于工业生产自动化控制的设备，在一般情况下不需要采取措施，就可以直接在工业环境中使用。一般 PLC 及其外部电路（包括 I/O 模块、辅助电源等）都能在表 5-9 所列的环境条件下可靠工作。

表 5-9   PLC 的工作环境

序号	项目说明
1	温度：工作温度为0～55℃，最高为60℃，储存温度为-40～+85℃
2	湿度：相对湿度为5%～95%（无凝露）
3	振动和冲击：满足国际电工委员会标准
4	环境周围空气：不能混有可燃性、爆炸性和腐蚀性气体
5	电源：220V交流电源，允许变化范围为-15%～+15%，频率为47～53Hz，瞬间停电保持10ms

尽管 PLC 有可靠性较高、抗干扰能力较强等特点，但是当生产环境过于恶劣，电磁干扰特别强烈，或安装使用不当时，就很有可能造成程序错误或运算错误，而产生误输入并引起误输出，这将会造成设备的失控和误动作，不能保证 PLC 的正常运行，所以需提高 PLC 控制系统的可靠性和安全性。针对 PLC 的工作环境，需注意以下几点。

（1）温度

PLC 要求环境温度在 0 ～ 55℃，安装时不能放在发热量大的元件下面，四周通风散热的空间应足够大。

（2）湿度

为了保证 PLC 的绝缘性能，空气的相对湿度应小于 95%（无凝露）。

（3）振动

应使 PLC 远离强烈的振动源，防止振动频率为 10 ～ 55Hz 的频繁或连续振动。当使用环境不可避免振动时，必须采取减振措施，如采用减振胶等。

（4）空气

避免有腐蚀和易燃的气体，如氯化氢、硫化氢等。对于空气中有较多粉尘或腐蚀性气体的环境，可将 PLC 安装在封闭性较好的控制室或控制柜中。

（5）电源

PLC 对于电源线带来的干扰具有一定的抵制能力。在可靠性要求很高或电源干扰特别严重的环境中，可以安装一台带屏蔽层的隔离变压器，以减少设备与地之间的干扰。一般 PLC 都有直流 24V 输出提供给输入端，当输入端使用外接直流电源时，应选用直流稳压电源。因为普通的整流滤波电源，由于纹波的影响，容易使 PLC 接收到错误信息。

3. 根据性能要求选择 PLC

对 PLC 的性能要求包括控制复杂程度、I/O 的类型与点数、CPU 的配置等。

（1）控制复杂程度

对于开关量控制以及以开关量控制为主、带少量模拟量控制的工程项目，一般其控制速度无须考虑，因此，选用带 A/D 转换、D/A 转换、加减运算、数据传送功能的低档机就能满足要求。

而在控制比较复杂、控制功能要求比较高的工程项目中（如要实现 PID 运算、闭环控制、通信联网等），可根据控制规模及复杂程度选用中档机或高档机。其中高档机主要用于大规模过程控制、全 PLC 的分布式控制系统以及整个工厂的自动化等。

（2）I/O 类型与点数

选择的基本步骤是先根据工艺控制条件准确统计 I/O 点数（数字输入 / 输出量、模拟输

入 / 输出量），在这个统计数据的基础上再增加 10% ～ 30% 的余量来确定 I/O 总点数。这种确定 I/O 总点数方法的优点：

① 可以弥补统计过程中遗漏的点数；

② 保证系统投入运行后，个别点有故障时，能够替换；

③ 预备将来可能增加的点数需求。

按 I/O 点数对照表 5-10 可以确定 PLC 的规模。

表 5-10   PLC 的 I/O 点数

类型	I/O点数
超小型PLC	64以下
小型PLC	64～128
中型PLC	128～512
大型PLC	512～8 192
超大型PLC	8 192以上

在工业生产过程中，会对大量的过程量进行控制，如阀的通断、压力的大小、温度的高低等，需判断被控对象是开关量，还是模拟量，进而选用合适的 I/O 模块类型进行控制，有时还需采用特殊功能模块，如对位置的控制、PID 的计算等。表 5-11 归纳了选择 I/O 模块类型的一般规则。

表 5-11   选择 PLC 的 I/O 模块类型的一般规则

I/O模块类型	现场设备或操作（举例）	说明
离散输入模块和I/O模块	选择开关、按钮、光电开关、限位开关、电路断路器、接近开关、液位开关、电动机启动器触点、继电器触点、拨盘开关	输入模块用于接收ON/OFF或OPENED/CLOSED（开/关）信号，离散信号可以是直流的，也可以是交流的
离散输出模块和I/O模块	报警器、控制继电器、风扇、指示灯、扬声器、阀门、电动机启动器、电磁线圈	输出模块用于将信号传递到ON/OFF或OPENED/CLOSED（开/关）设备，离散信号可以是交流的或直流的
模拟量输入模块	温度变送器、压力变送器、湿度变送器、流量变送器、电位器	将连续的模拟量信号转换成PLC处理器可以接受的输入值
模拟量输出模块	模拟量阀门、执行机构、图表记录器、电动机驱动器、模拟仪表	将PLC处理器的输出转为现场设备使用的模拟量信号（通常是通过变送器进行）
特殊I/O模块	电阻、电偶、编码器、流量计、I/O通信、ASCII、RF型设备、称重机、条形码阅读器、标签阅读器、显示设备	通常专门用于位置、PID和外部设备通信等用途

（3）CPU 的配置

CPU 是 PLC 的核心，输入单元将采集的输入信号传送到 CPU，CPU 执行用户程序并将运算结果传送到输出单元，用以驱动现场设备。选择 CPU 通常需要考虑以下几个方面。

① 运算速度

不同的控制系统对控制的响应速度需求不同，对于要求响应时间较快的系统，则要求

CPU 的运算速度快，并尽快将运算结果传送到输出单元。运算速度性能指标可参考 CPU 指令执行时间。

②工作存储器大小

根据控制方案的复杂程度预估需要的工作存储器大小，考虑适当的余量。PLC 的存储器用于存储用户程序和数据，一般有内置式和外插式两类，存储器容量可以对照表 5-12 来确定或按如下方法估算：存储器容量（指令字）= 数字量 I/O 点数 ×10+ 模拟量 I/O 点数 ×25+ 特殊量 I/O 点数 ×100。

表 5-12　　　　　　　　　　　　　　　　　PLC 的存储器容量

类型	存储器容量/KB
超小型PLC	1～2
小型PLC	2～4
中型PLC	4～16
大型PLC	16～64
超大型PLC	64～128

③I/O 带载能力

CPU 通常使用 I/O 地址空间来描述其允许访问输入 / 输出的能力，8 个数字量通道占用 1B 地址空间，1 个模拟量通道占用 2B 地址空间。在具体选型时还需要根据实际情况考虑 I/O 余量占用的地址空间。此外有些 CPU 还限制连接模块的最大数量。

④集成的通信接口

CPU 通过通信接口进行编程组态，还可与人机界面、其他 PLC 系统、分布式 I/O 等实现数据交换。CPU 集成的通信接口通常有 MPI 接口、Profibus 接口、Profinet（PN）接口，应根据通信对象（通信对象可以为编程设备、仪表、HMI、其他 PLC 系统等）支持的电气接口标准以及使用的通信协议选择集成的通信接口。

4. 根据系统安全性选择 PLC

为了提高系统的安全性，减少因 PLC 模块的故障引起的系统安全事故，可对 PLC 进行冗余设计。PLC 系统冗余设计的目的是在原有单机控制系统的基础上进一步提高系统的可靠性。

（1）冗余设计可以避免由于关键环节的 PLC 单模块故障而出现的停机和安全事故。

（2）即使有模块局部故障，也不会影响整个系统的运行。

（3）可以帮助系统运行人员实现在线维护，及时更换故障模块。

（4）可以配合软件实现整个系统的在线升级。冗余设计虽会增加设计难度和用户投资，但这种投资的收益是整个用户系统平均无故障时间的提高和平均故障修复时间的缩短。

PLC 冗余可以分为软冗余和硬冗余两种。其中，软冗余是一种低成本解决方案，可以应用于对主备系统切换时间要求不高的控制系统中。而硬冗余的冗余结构确保了任何时候的系统可靠性，但构建系统成本较高。硬冗余所有的重要部件都应根据实际情况进行冗余配置，这包括 CPU、I/O 接口和供电元件的冗余，以及对冗余 CPU 通信的同步模块的冗余。根据特定的自动化控制过程需要，还可以配置冗余客户服务器、冗余通信介质、冗余接口模件等。在重要的过程单元，CPU（包括存储器）及电源均应 1:1 冗余，控制回路的多点 I/O 卡应冗余，根据需要对重要的 I/O 信号，可选用 2 重化或 3 重化的 I/O 接口单元。

二、PLC 选型实践

由于该工作站是为教学目的设计的，因此工作站的控制并不复杂，对 CPU 的要求不高，又因应用环境较好，且不需要冗余设计，因此仅需根据 I/O 的类型和点数选择即可。

通过分析整个控制流程以及具体的硬件连接，实现整个动作流程需要输入点数为 32，输出点数为 24。整个工作台的控制都采用数字量控制，没有模拟量的计算。因此选用小型的 PLC，这里选择西门子 S7-200 SMART CPU ST40 PLC，其性能参数如表 5-13 所示。但是该类型 PLC 只有 24 个输入和 16 个输出，因此需要加入一个含有 8 个输入和 8 个输出的扩展模块 EMDT16。

表 5-13　　西门子 S7-200 SMART CPU ST40 PLC 的性能参数

性能参数	外形尺寸 （mm×mm×mm）	用户存储区		过程映像区大小	本机数字量I/O
值	125×100×81	程序	24KB	256位输入（I） 256位输出（Q）	24输入/16输出（脉冲捕捉输入为14，加信号板时为16）
		数据	16KB		
		保持	10KB		
性能参数	位存储区大小	高速计数器		计数器	定时器
值	32B	4（全部）		256	非保持（TON，TOF）：192 保持（TONR）：64
性能参数	PID回路	执行速度		循环中断	通信口
值	8路	Move Word	1.2μs/指令	2（1ms精度）	以太网：1（可连接1个编程设备，4个HMI） 串口：1 RS485（可连接4个HMI，需使用Profibus网络电缆） 附加串口：1（在可选RS232/RS485信号板上）
		布尔	0.15μs/指令		
		RealMath	3.6μs/指令		

〔思考与练习〕

在 PLC 选型时一般要考虑哪些情况？

项目总结

本项目是设计系统集成中的控制系统模块，通过该项目的学习，读者应掌握气动系统的设计方法、传感器的选型方法以及 PLC 的选型方法。项目五的技能图谱如图 5-84 所示。

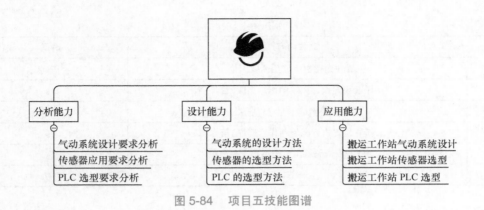

图 5-84　项目五技能图谱

拓展训练

项目名称：机器人码垛工作站。

设备数量：该工作站主要包括一台搬运机器人、一套机器人底座、一套气动抓具和一套机器人系统电气操作盘。

系统特点：

（1）机器人根据程序的设定及接收到的到位信号，自动切换搬运程序及搬运参数。

（2）整个系统单元由输送系统控制柜（PLC）统一集中控制，包括机器人的信号交换、防撞信号、安全门锁、产品到位信号、托盘位置信号等逻辑关系。

（3）由于在系统设计上及设备配置上充分考虑到安全性，故工作站具有较高的安全性。

（4）操作、编程、示教在手持控制器上完成，控制电缆长 10m。完全根据工效学设计的示教器，配上六维鼠标，使用方便、舒适、快速，大大提高编程和操作的效率。

（5）符合人机工程的设计使操作者操作便捷、省力，减轻操作者的劳动强度。

工作站工作过程：生产线将产品托盘送至指定位置，同时生产完成的产品输送到产品抓取工位，集存 3 箱后，由定位调整装置将其定位后发信号给机器人，机器人一次抓取产品到产品托盘进行码垛，整垛码放完成后由垛箱输出传送线将垛箱输出到穿梭车位置，由穿梭车将整垛输送至仓库，同时托盘自动输送到码垛工位，机器人重复以上动作。

抓具说明：抓具采用框架式结构，保证抓具强度可靠，驱动元件采用气缸，保证驱动源可靠。抓具动作灵活，一次可以抓取 3 箱产品，也可以抓取 4 箱。抓具设计有自锁结构，即使生产线突然断电或断气，也不会发生产品脱落的现象。

电气系统说明：电气控制系统包括安全光电开关、启动按钮盒、不同工作状态的选择开关等设备的控制。该套系统的控制部分通过 Profibus 总线使用输送系统控制柜（PLC）进行控制。

生产节拍：以机器人抓取一次所用时间定为一个生产节拍，机器人码垛工作站的生产节拍见表 5-14。

表 5-14 机器人码垛工作站的生产节拍

序号	动作内容	时间
1	机器人由待机工位至抓取工位	2s
2	抓取装置执行抓取动作，抓取3箱	1s
3	机器人将产品送至产品托盘	2s
4	抓取装置执行码垛动作，码垛3箱	1s
5	机器人由码垛工位至待机工位	1s
6	生产节拍	$T=7s$

搬运效率：单机每小时搬运 3 600s÷7s×3 件 =1 542 件，需满足运行效率 600 件 /h 的条件。

设计要求：设计驱动抓具的气动系统。

格式要求：以 Word 文档提交，以 PPT 形式展示。

考核方式：提交设计说明书（纸质版、电子版均可），并于课内讲解 PPT，时间要求 10 ～ 15min。

评估标准：机器人码垛工作站拓展训练评估表见表 5-15。

表 5-15 拓展训练评估表

项目名称：机器人码垛工作站	项目承接人：	日期：
项目要求	评分标准	得分情况
总体要求（100分） 详细说明该工作站气动系统中各组成部分的选用原因		
评价人	评价说明	备注
教师：		

高级篇

深入集成开发
知行合一

项目六
工作站系统功能集成开发

项目引入

　　看着工作站上所用的模块都已安装完毕，心里有着小小的成就感，但是工作站各模块如何配合来实现物料的搬运与检测呢？我看着安装好的工作台陷入了沉思。

　　Philip 看到我脸上的不解，拍了一下我的肩膀，"现在需要将设计出来的模块合理地连接起来，为系统供电并合理分配 PLC 的触点，此外，工作站功能的实现还需各硬件之间能够相互传送数据，通过这些数据实现各模块操作的密切配合，进而完成工作站的搬运和检测工作，其中数据传送是通过通信完成的，而工作站的通信主要是 PLC 与其他电气元件的通信，所以……"

　　"谢谢 Philip 师傅！"我如醍醐灌顶，准备开始接下来的工作。

　　Philip 说："分配好 PLC 的触点，并设置好 PLC 与其他设备的通信后，就要对工作站进行 PLC 的程序编制，协调控制各元件工作的顺序和动作。"

　　我回答道："好的。"

知识图谱

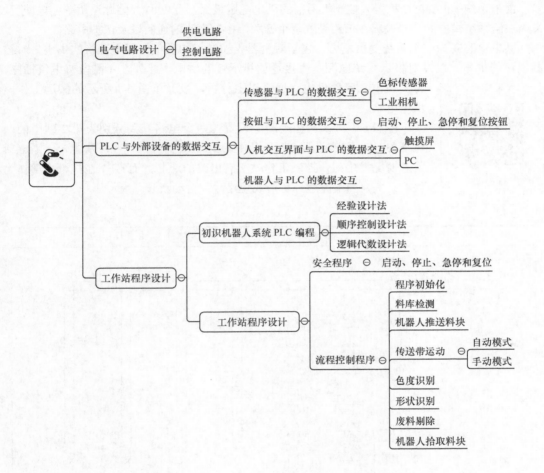

任务一　电气电路设计

【任务描述】

　　Philip 和我说过，在系统集成中，电气电路的线路设计是必不可少的，线路是支持电器运行最基本的运行工具。因此，在机械系统设计工作完成后，首要的任务就是设计电气电路。

　　电气电路主要包含供电电路和控制电路两个部分。其中供电电路主要是为各个部件提供电力，控制电路则是实现功能的主体电路，它决定 PLC 触点的分配，以及 PLC 与执行元件的连接等。

微课

电气电路设计

【任务学习】

一、供电电路

由于系统中 FANUC 机器人控制柜所需的供电电压最大，为 220V，因此选用单相电即可。又因在给系统供电时，一般需在干路设置两个开关，控制电路的通断以及保护电路。

供电电路需为整个系统提供电力，包括对机器人控制柜的供电、对电动机的供电、对控制电路的供电，以及对指示系统电源是否接通的指示灯的供电，此外，还需留有电气插座，为其他电气元件供电，通过以上分析，设计了图 6-1 所示的搬运工作站供电电路。

由图 6-1 可知，在干路中设置的两个电路开关分别为第 2 列中的凸轮开关 QS1 和断路器 QF1，其中 QS1 在机箱外部，在每次上电、断电或紧急情况发生时，控制工作站所有电路的通断；而 QF1 在机箱内部作为保护开关，当电流达到负荷或短路时，自动断开。

彩图
图 6-1

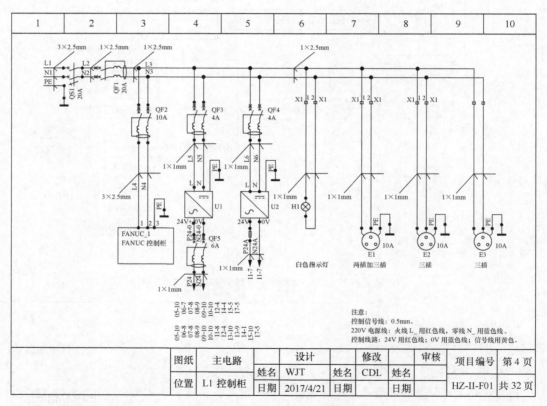

图 6-1　搬运工作站供电电路图

第 3 列支路为机器人控制柜提供动力，它由断路器 QF2 控制通断；第 4、第 5 列为电压转换电路，其中第 4 列支路为后续的控制元件供电，第 5 列支路为电机供电；第 6 列支路为指示电源是否接通的指示灯供电；第 7～第 9 列支路为电气插座，主要为其他电气元件供电。

二、控制电路

控制电路为每个需要控制的元件都分配了触点用于实现相应的功能，而工作站中需控制的元件分别有按钮、电动机、传感器、机器人、视觉系统（工件形状、工件是否合格）、继电器等，故设计了图 6-2 所示的 PLC 控制电路，触点分配情况如下。

① 为按钮分配了 I0.0 ～ I0.5 输入触点，控制系统的启动、停止、复位和急停，以及实现手动操作与自动操作的切换。

② 为传感器分配了 I0.6 ～ I1.5 输入触点，可将传感器的输出信号发送给 PLC，执行相应操作。

③ 为机器人分配了 I1.6 ～ I2.3 输入触点，其中 I1.6 和 I1.7 为机器人通知系统取走和存放工件的信号输出，I2.0 ～ I2.3 为机器人的组信号输出，向系统发送机器人的数据。

④ 为视觉系统分配了 I2.4 ～ I2.7 输入触点和 Q0.5 输出触点，输入触点提示系统产品合格的信息以及合格产品的形状，输出触点通知视觉系统启动拍照。

⑤ 为电机分配了 Q0.0 和 Q0.2 两个输出触点，通过发送脉冲和方向信号控制电机的正转和反转。

⑥ 为指示灯分配了 Q1.6 和 Q1.7 输出触点，按照系统的运行情况控制指示灯的亮灭。系统启动，指示灯亮；系统停止，指示灯灭。

⑦ 其余的触点是为继电器分配的触点，通过继电器可以防止元件发生故障时产生的浪涌电流损坏 PLC 的触点，各继电器的具体应用如图 6-2 所示的标识。

PLC 扩展模块的触点分配及实现功能详见附录。

彩图

图 6-2

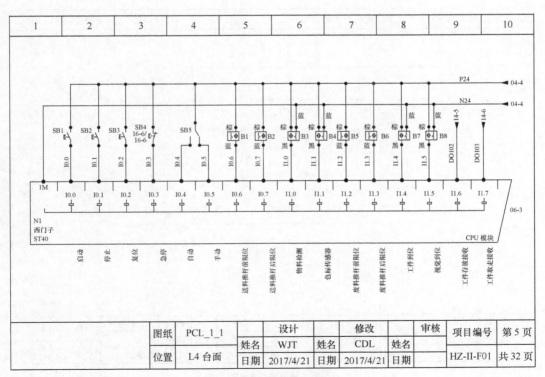

（a）PLC 输入接口电路图（1）

图 6-2 搬运工作站 PLC 控制电路图

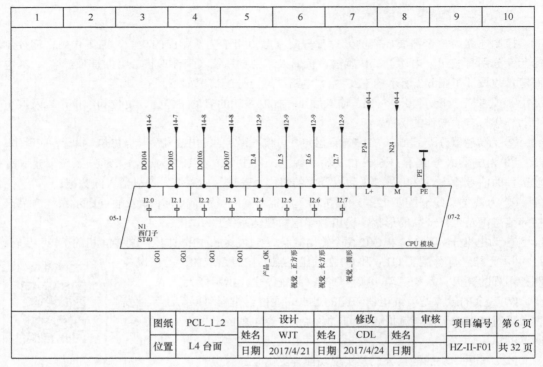

（b）PLC 输入接口电路图（2）

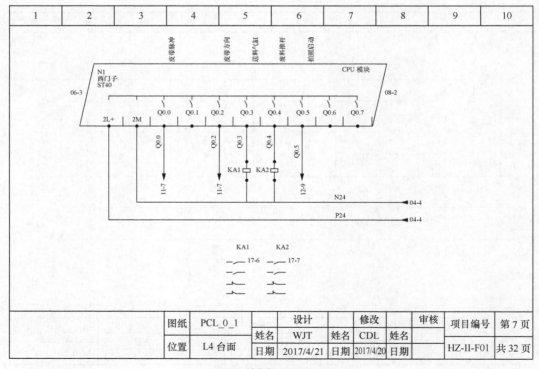

（c）PLC 输出接口电路图（1）

图 6-2　搬运工作站 PLC 控制电路图（续）

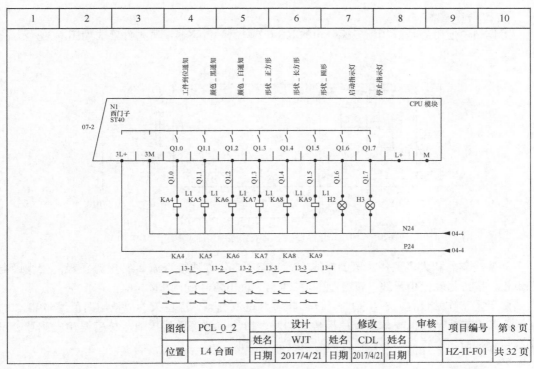

（d）PLC 输出接口电路图（2）

图 6-2　搬运工作站 PLC 控制电路图（续）

【思考与练习】

1. 工作站是如何实现为各模块供电的？
2. 工作站的电路是如何控制各模块的？

任务二　PLC 与外部设备的数据交互

【任务描述】

　　工作站中存在多种外部设备，其中传感器用于检测与反馈物料信息，控制面板上的按钮（启动、暂停、停止、复位）保证机器人安全运行，人机交互界面（触摸屏、PC）用于控制和监测工作站，机器人用于搬运与码垛物料，这些设备的动作执行需要 PLC 的控制。

【任务学习】

一、传感器与 PLC 的数据交互

传感器用于检测与反馈物料的形状、颜色、位置等信息，也是工作站中识别物料合格与否的重要依据，这些都需要通过 PLC 进行协调控制与监控。

1. 色标传感器

工作站中使用的是国产施多德公司的 KS-C2 型色标传感器，其硬件连线如图 6-3 所示。

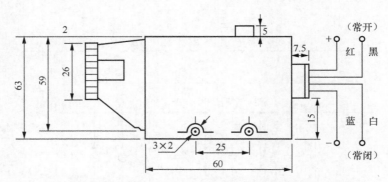

图 6-3　KS-C2 型色标传感器硬件连线图（单位：mm）

其接线方式和大多数传感器的接线方式都差不多，红线接直流 24V 电源正极，蓝线接电源负极，黑线为输出信号线（常开型），白线也为输出信号线（常闭型）。

由于本工作站设置：在识别时，动作指示灯是浅色亮、深色灭，故使用白色线与 PLC 的 I1.1 触点相连，当浅色物体通过色标传感器时，白线接通，黑线接通，传感器输出信号。识别黑色物体时，在程序中对白色线信号求反即可实现。

2. 工业相机

工作站中使用的物料形状有圆形、正方形和长方形 3 种，需要通过工业相机识别。工作站选用的工业相机为日本 OMRON 系列，它由数码 CCD 相机（型号：FZ-S）和 CCD 控制器（FZ5-L355）两部分构成。CCD 控制器与外部装置（PLC 等）用通信电缆相连，如图 6-4 所示，并通过各种通信协议进行通信，各通信协议的详情见表 6-1。

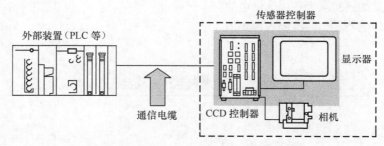

图 6-4　数码相机和 CCD 控制器的连接

表 6-1　　　　　　　　　　　　CCD 控制器与外部装置的连接和通信方法

通信协议	通信电缆
并行	并行I/O电缆
PLC通信	以太网电缆
	RS-232C电缆
EnterNet/IP	以太网电缆

续表

通信协议	通信电缆
EnterCAT（仅限FH）	以太网电缆
无协议	以太网电缆
	RS-232C电缆

在工业视觉系统中，工业相机的作用是传送物体信息，而控制器的作用是处理物体信息，并且与外部的 PLC 进行通信，其通信方式如图 6-5 所示。

图 6-5　工业视觉系统与 PLC 的通信方式

工作站中使用了传感器控制器的输入测量触发引脚（STEP0）和 3 个数据输出引脚（DO0、DO2 和 DO4），其中 STEP0 引脚用来开启视觉检测，与 PLC 的 Q0.5 连接，DO0、DO2、DO4 这 3 个引脚用来检测料块的形状，分别与 PLC 的 I2.5、I2.6 和 I2.7 连接，且 DO0、DO2、DO4 的参数可以进行修改。

二、按钮与 PLC 的数据交互

为了保证工作站的安全，设置了启动、停止、急停和复位按钮，其中启动和停止按钮应用在自动运行过程中，启动按钮实现自动运行的开启，停止按钮实现自动运行的正常停止。急停按钮和复位按钮对手动程序和自动程序都会起作用。急停按钮的作用是使工作台在运行过程中遇到报警或者紧急情况时，立即停止。当按下急停按钮时，自动、手动以及其他功能都不会起作用，直到按下复位按钮将其解除。工作站中 PLC 的 I0.0、I0.1、I0.2 和 I0.3 触点与 4 个按钮的连接情况如图 6-6 所示。

彩图

图 6-6

微课

PLC 与外部设备的数据交互

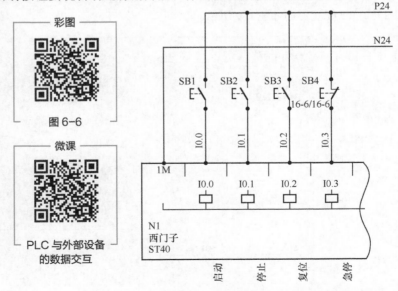

图 6-6　安全功能按钮与 PLC 的连接

三、人机交互界面与 PLC 的数据交互

工作站中的人机交互界面主要是触摸屏与 PC，其功能是与 PLC 通信获取数据来实现的。

1. PLC 与触摸屏的通信

工作站中使用的触摸屏是威纶通 TK6070iQ 型的，该触摸屏中的通信接口有 USB 和串行端口两种，PLC 与触摸屏的连接使用 RS232 串行端口，它们的接线如图 6-7 所示。

PLC 与触摸屏通信时需要进行配置，其配置界面如图 6-8 所示。

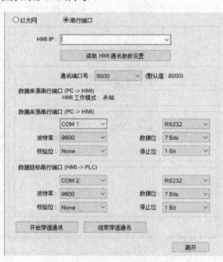

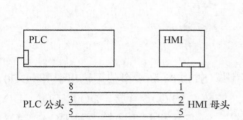

图 6-7　PLC 与触摸屏通信接线图　　　　图 6-8　PLC 与触摸屏通信时的配置界面

2. PLC 与 PC 的通信

PLC 与 PC 的通信主要是为了在调试的过程中监视程序的运行状态。PLC 与 PC 通信时的端口为网口，在通信之前需要将 PC 和西门子 S7-200 SMART PLC 配置到同一段地址上，西门子 SMART200 PLC 的默认端口为 192.168.2.1，PC 的端口应配置到 192.168.2.2 ～ 192.168.2.255。PC 配置界面如图 6-9 所示。

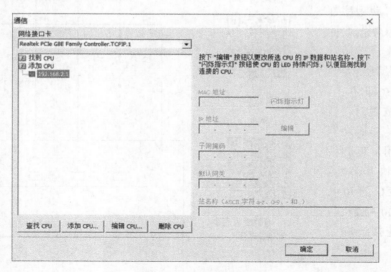

图 6-9　PC 配置界面

四、机器人与 PLC 的数据交互

PLC 与 FANUC 机器人之间是通过 I/O 端子台转换板连接的，它们之间的通信属于并行通信。端子台转换板的连接触点如图 6-10 所示。

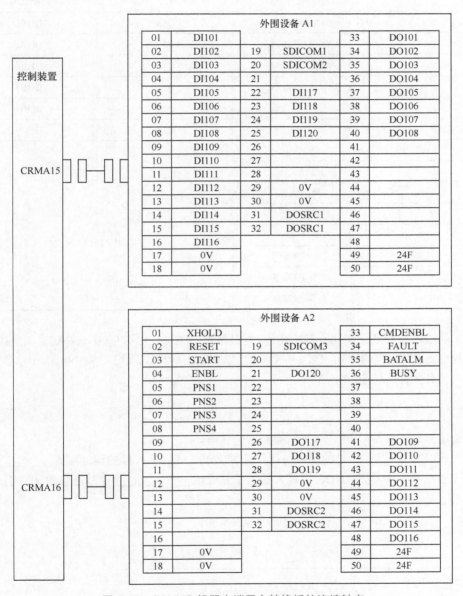

图 6-10　FANUC 机器人端子台转换板的连接触点

端子台与 PLC 的信号连接关系如表 6-2 所示。

从表 6-2 中可以看出，第 1 ～第 8 行中 PLC 与机器人之间的控制是通过位信号进行连接的，第 9 ～第 16 行的轨迹与动作是通过组信号实现的。当合格料块到位后，PLC 通过 Q1.0 端口通知机器人料块到位，然后机器人根据 Q1.1 ～ Q1.5 的信号调用机器人的内部程序来拾取相应的料块，放到对应的位置。

表 6-2　　　　　　　　　　　　　端子台与 PLC 的信号连接关系

序号	信号类型	PLC	机器人
1	工件存放通知	I1.6	DO102
2	工件取走接收	I1.7	DO103
3	工件到位通知	Q1.0	DI101
4	颜色_黑通知	Q1.1	DI102
5	颜色_白通知	Q1.2	DI103
6	形状_正方形	Q1.3	DI104
7	形状_长方形	Q1.4	DI105
8	形状_圆形	Q1.5	DI106
9	QQ轨迹		
10	三角形轨迹		
11	椭圆轨迹		
12	圆形轨迹	QB8	GI1
13	夹爪吸放		
14	吸盘吸放		
15	工具笔1吸放		
16	工具笔2吸放		

对于轨迹的运行及末端执行器的动作，则是通过 PLC 的 QB8（Q8.0 ～ Q8.7）实现控制的，在实际控制过程中主要用到了 Q8.0 ～ Q8.4 这 5 个输出端口，总共可以控制 32 个动作。PLC 与机器人的具体接线请查看附录。

【思考与练习】

1. 简述搬运工作站中 PLC 与视觉控制器的通信。

2. 在通信之前需要将 PC 的地址与西门子 S7-200 SMART PLC 的地址配置＿＿＿＿＿＿。

3. 工作站中 PLC 与 FANUC 机器人的通信是通过＿＿＿＿＿＿进行连接的，它们之间的通信属于＿＿＿＿＿＿通信。

任务三　工作站程序设计

【任务描述】

随着项目的逐步深入进行，现在已基本完成工作站系统的设计，但是通电后，工作站还不能按照预期运作起来，缺少各模块的动作顺序以及动作程序。

在本项目开始时，Philip 和我说过，当电路与通信设计好后，就需要进行 PLC 的编程，用来协调控制各硬件工作的顺序和动作，但在此之前，我对 PLC 编程的了解不是很多，因此在为工作站编程前，我需先学习机器人系统的 PLC 编程方法，并在此基础上，进行工作站的 PLC 编程。

【任务学习】

一、初识机器人系统 PLC 编程

在工作站中，需通过 PLC 程序协调控制各硬件工作的顺序和动作，因此程序设计的质量直接影响设备的运行效果。在程序设计中需要根据工作的需求确定设备的输入和输出，然后运用适当的设计方法，编写实现操作功能的运行程序。PLC 程序设计的常用方法有经验设计法、顺序控制设计法和逻辑代数设计法。

微课

初识机器人系统
PLC 编程

1. 经验设计法

经验设计法是利用设计继电器电路图的方法来设计比较简单的数字量控制系统的梯形图程序，即在一些典型继电器电路的基础上，根据被控对象对控制系统的具体要求，不断修改和完善梯形图。这种方法具有很大的试探性和随意性，最后的结果不是唯一的，程序的设计时间和质量与编程人员的经验有直接的关系。

经验设计法一般遵循以下步骤。

① 准确了解控制要求，合理地为控制系统中的信号分配 I/O 接口，并画出 I/O 分配表。

② 对于控制要求比较简单的输出信号，可直接写出它们的控制条件，然后依据启保停电路的编程方法完成相应输出信号的编程；对于控制条件复杂的输出信号，可借助辅助继电器指令来编程。

③ 对于较复杂的控制，要正确分析控制要求，确定各输出信号的关键控制点。在以时间为主的控制中，关键点为引起输出信号状态改变的时间点（时间原则）；在以空间位置为主的控制中，关键点为引起输出信号状态改变的位置点（位置原则）。

④ 确定关键点后，用启保停电路或常用基本电路的编程方法，画出各输出信号的梯形图。

⑤ 在完成关键点梯形图的基础上，针对系统的控制要求，画出其他输出信号的梯形图。

⑥ 最后检查梯形图程序，完善互锁条件、保护条件，补充遗漏，优化程序。

由于 PLC 组成的控制系统复杂程度不同，梯形图程序设计的难易程度也不同，因此以上步骤并不是唯一和必须的，可以灵活应用。下面举例说明经验设计法。

设计两处卸料小车的控制系统，如图 6-11 所示。控制要求：小车在限位开关 X4 处装料，20s 后装料结束并开始右行，碰到限位开关 X5 后，小车停下来卸料，25s 后卸料结束并向左行，碰到限位开关 X4 后又开始装料，20s 后装料结束并开始右行，碰到限位开关 X3 开始卸料，25s 后卸料结束向左行，这样反复不停循环在 X5 和 X3 处轮流卸料，直到按下停止按钮 X2。按钮 X0 和 X1 分别用来启动小车右行和左行。

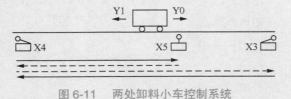

图 6-11 两处卸料小车控制系统

从例子中可以知道该控制过程中有 6 个控制输入，有 4 个控制输出，如表 6-3 所示。

表 6-3 输入 / 输出地址

输入点	输入地址	输出点	输出地址
X0（右行按钮）	I0.0	Y0（右行）	Q0.0
X1（左行按钮）	I0.1	Y1（左行）	Q0.1
X2（停止按钮）	I0.2		
X3（卸料点2）	I0.3	Y3（装料）	Q0.2
X4（装料点）	I0.4	Y5（卸料）	Q0.3
X5（卸料点1）	I0.5		

在该过程中，小车在 X3、X4、X5 处都需要时间进行装料和卸料，因此需要定时器来控制时间的长短，而小车的左行、右行、装料、卸料这几个动作不能同时发生，需要进行互锁。

在该动作过程中，小车在 X5 处进行第一次卸料，在 X3 处进行第二次卸料。在第二次卸料时也要经过 X5 处，但是不能在该点进行动作，因此在 X3 和 X5 处的两个点的循环往复卸料是需要区分的。在第一次经过 X5 处时需要记忆，以便区分小车是第一次还是第二次向右行走经过 X5 处。其编程方式如图 6-12 所示。（提供源文件：PLC 程序（经验设计法））

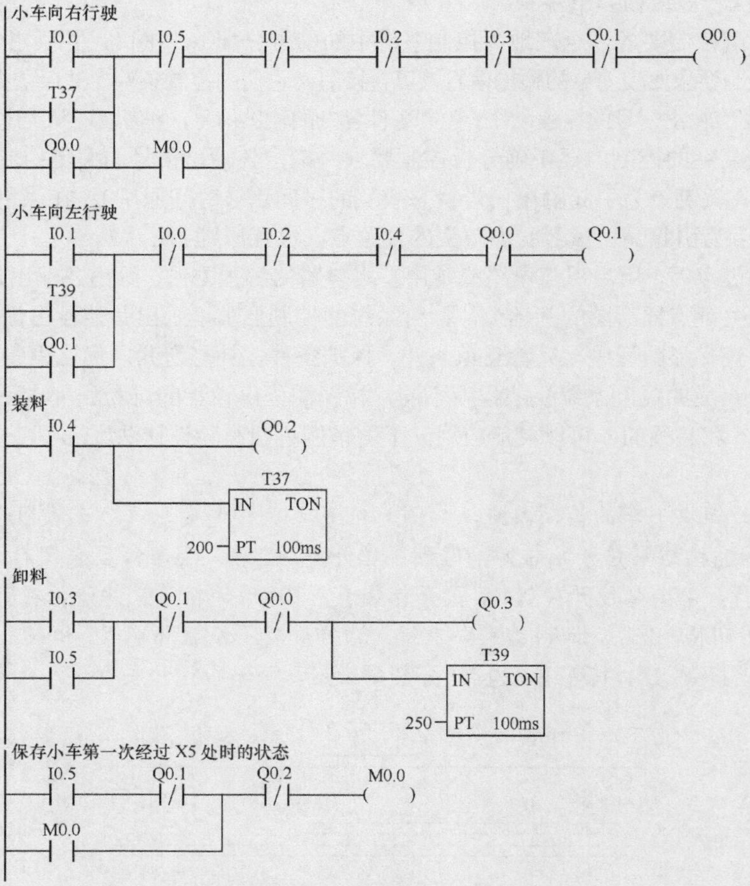

图 6-12 PLC 程序（经验设计法）

从该程序中可以看出程序中的互锁很多，程序的逻辑比较复杂，实现这种编程方式需要经验丰富的工作人员，同时阅读起来也比较费解。对于逻辑不复杂的工作流程可以用这种编程方式，但对于工序较多、逻辑较复杂的工作流程，这种方式就会很复杂，需要使用其他的编程方式。

2. 顺序控制设计法

顺序控制设计法是指按照生产工艺预先规定的顺序，在各个输入信号的作用下，根据内部状态和时间的顺序，在生产过程中各个执行机构自动有序地进行操作。顺序控制设计法是一种先进的设计方法，很容易被初学者接受，对于有经验的编程人员，这种方法也会提高设计的效率，增加调试、修改和阅读程序的便利性。

顺序控制设计法的具体表现形式为顺序功能图，如图 6-13 所示，它是描述控制系统控制过程、功能和特性的一种图形，是设计 PLC 的顺序控制程序的有力工具。它主要分为以下几个部分。

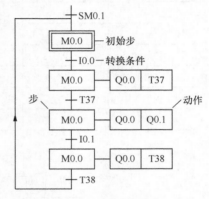

图 6-13　顺序功能图

（1）步

顺序控制设计法最基本的思想是将系统的一个工作周期划分为若干顺序相连的阶段，这些阶段称为"步"，并用编程元件（如位存储器 M 和顺序控制继电器 SCR）来代表各步。当系统受到触发时，仍然保持相对静止的状态，在等待启动命令。而与这种相对静止的状态对应的步就为初始步，每个顺序功能图至少对应一个初始步。

一般情况下，步是根据输出量的状态变化来划分的，在任何一步之内，各输出量的开关状态不同，步的这种划分方法使代表各步的编程元件的状态与各输出量的状态之间，有着极为简单的逻辑关系。

顺序功能图按步执行，当系统正处于某一步所在的阶段时，该步处于活动状态，称该步为"活动步"，同时相应的动作被执行；处于不活动状态时，该步相应的非存储型动作被停止执行。

（2）转换条件

使系统由当前步进入下一步的信号称为转换条件，转换条件可以是外部的输入信号，如按钮、指令开关、限位开关的接通和断开等；也可以是 PLC 内部产生的信号，如定时器、计数器常开触点的接通等，转换条件也可以是若干信号的逻辑组合。

顺序控制设计法用转换条件控制代表各步的编程元件，让它们的状态按照规定的顺序变化，然后用代表各步的编程元件去控制 PLC 的各输出位。

（3）动作

动作是每一步产生的结果，它是设备在实际工作中各部件的输出，如车床的切削，以及机器人末端执行器的抓取等。每一个步可能对应一个动作，也可能对应好几个动作。

在设计两处卸料小车控制系统的案例中，根据小车的运行流程，可以得到小车的状态变化，如表 6-4 所示。

从表 6-4 中可以看出，该小车的控制流程的输出总共有 9 种状态，代表有 9 步，而相邻两步之间的状态转换需要 1 个转换条件，因此有 8 个转换条件。根据以上各步之间的变化及转换条件得到图 6-14 所示的顺序功能图。

序号	输出				状态描述
	Y0	Y1	Y3	Y5	
0	0	0	0	0	初始步
1	0	0	1	0	装料（X4）
2	1	0	0	0	右行
3	0	0	0	1	卸料（X3）
4	0	1	0	0	左行
5	0	0	1	0	装料（X4）
6	1	0	0	0	右行
7	0	0	0	1	卸料（X5）
8	0	1	0	0	左行

表 6-4　　　　　　　　　　　　　小车的状态变化表

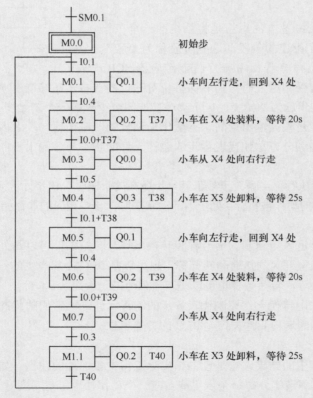

图 6-14　顺序功能图

小车在开始运行时，通过特殊继电器 SM0.1 对程序进行初始化。同时将代表定时器、按钮及限位开关等的常开触点串联并与向右、向左的触点并联。为了防止在自动运行过程中出现误操作，需要对向左、向右的触点，以及装料、卸料等操作进行互锁控制。在运行过程中为了实现实时停止，需要在与小车运行有关的步中加入中间停止指令 M1.0。

程序的按步执行，是将上一步的执行结果作为下一步的启动实现的，同时为了保证只有下一步为活动步，需要在上一步中串联下一步的执行结果的取反结果，这样可以保证顺序功能执行中的每一步都是单独运行的，并且相隔几步的操作步不会同时运行。图 6-15 所示为自动小车的顺序执行功能程序。

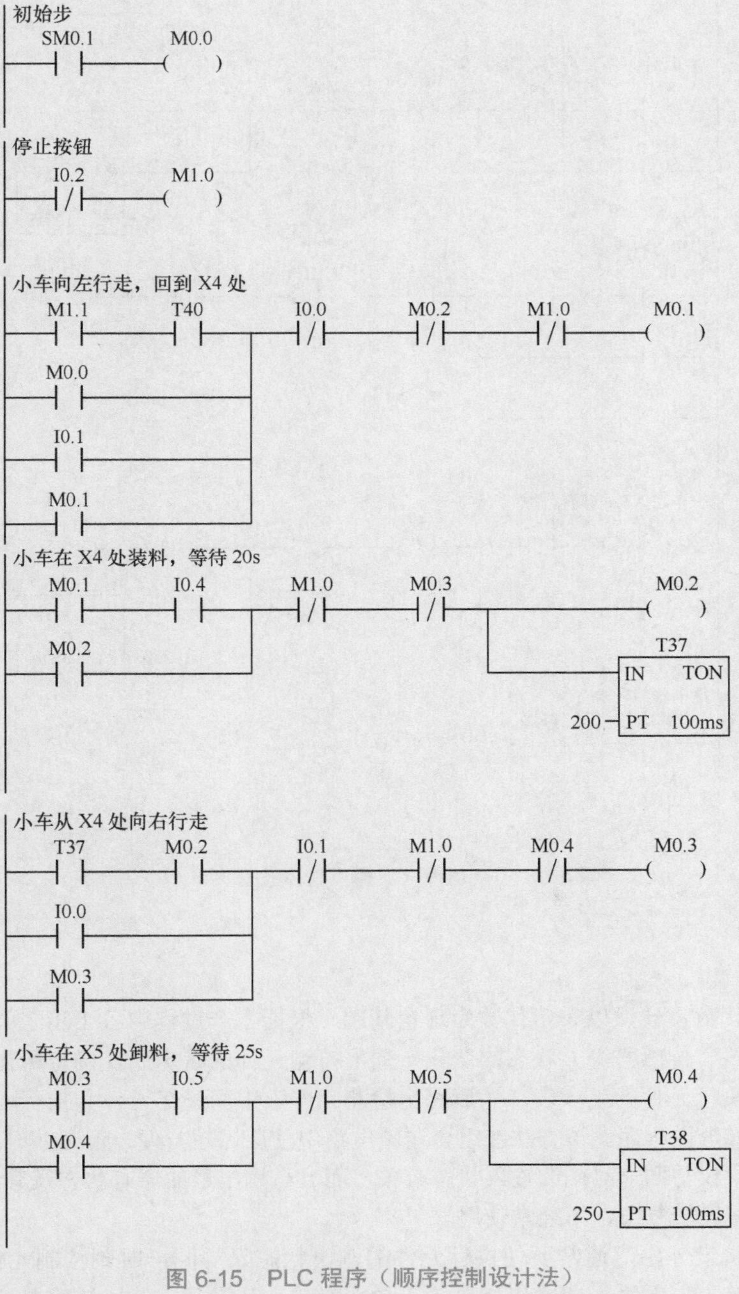

```
初始步
  SM0.1            M0.0
───┤├──────────────( )

停止按钮
  I0.2             M1.0
───┤/├─────────────( )

小车向左行走，回到 X4 处
  M1.1    T40    I0.0   M0.2   M1.0    M0.1
───┤├──┬──┤├────┤/├────┤├─────┤/├─────( )
  M0.0 │
───┤├──┤
  I0.1 │
───┤├──┤
  M0.1 │
───┤├──┘

小车在 X4 处装料，等待 20s
  M0.1    I0.4   M1.0    M0.3                     M0.2
───┤├──┬──┤├────┤/├─────┤/├──────────────────────( )
  M0.2 │                              ┌──────────────────┐
───┤├──┘                              │       T37        │
                                      │ IN         TON   │
                                  200─┤ PT      100ms    │
                                      └──────────────────┘

小车从 X4 处向右行走
  T37    M0.2   I0.1    M1.0    M0.4    M0.3
───┤├──┬──┤├────┤/├─────┤/├─────┤/├─────( )
  I0.0 │
───┤├──┤
  M0.3 │
───┤├──┘

小车在 X5 处卸料，等待 25s
  M0.3    I0.5   M1.0    M0.5                     M0.4
───┤├──┬──┤├────┤/├─────┤/├──────────────────────( )
  M0.4 │                              ┌──────────────────┐
───┤├──┘                              │       T38        │
                                      │ IN         TON   │
                                  250─┤ PT      100ms    │
                                      └──────────────────┘
```

图 6-15　PLC 程序（顺序控制设计法）

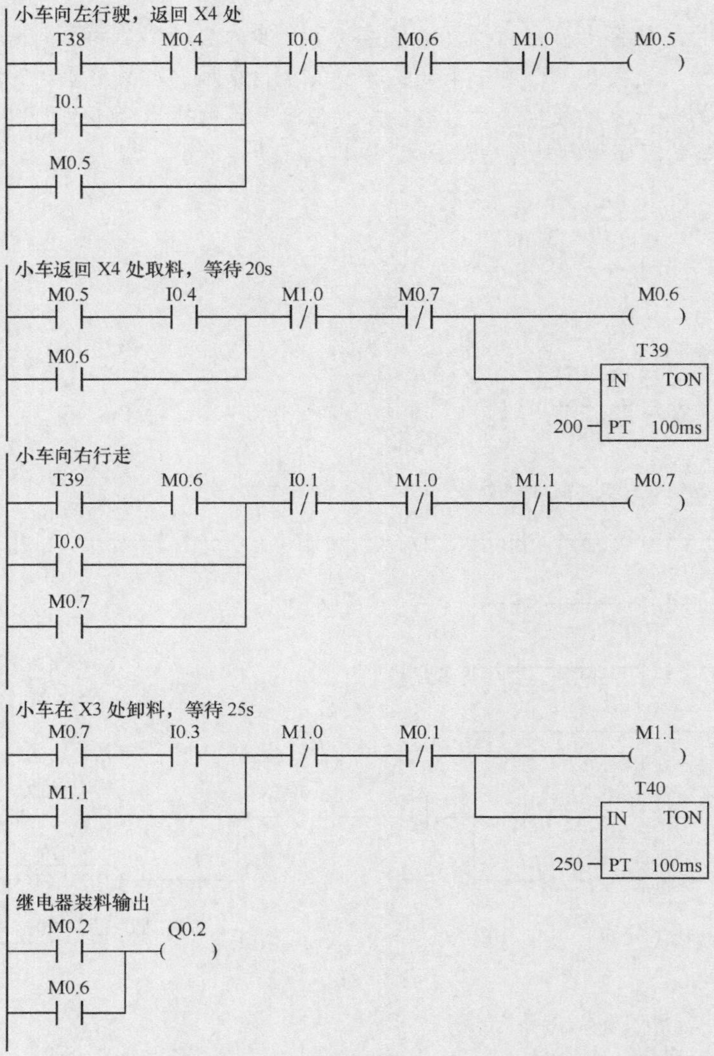

图 6-15　PLC 程序（顺序控制设计法）（续）

3. 逻辑代数设计法

PLC 逻辑代数设计法以布尔代数为理论基础，根据生产过程中各工步之间的各个检测元件（如行程开关、传感器等）状态的变化，列出检测元件的状态表，确定所需的中间记忆元件，再列出各执行元件的工序表，然后写出检测元件、中间记忆元件和执行元件的逻辑表达式，再转换成梯形图程序。该方法在组合逻辑电路中使用比较方便，但是在时序逻辑电路中，因为输出状态不仅与同一时刻的输入状态有关，而且与输出量的原有状态及其组合顺序有关，因此其设计过程比较复杂，不经常使用。

在组合逻辑设计中，通常要使执行元件的输出状态只与同一时刻控制元件的状态相关。输入、输出呈单方向关系，即输出量对输入量无影响。其设计方法比较简单，可以作为经验设计法的辅助和补充。

　　某电动机只有在开关 SB1、SB2、SB3 中任何一个或两个按下时才能运转，而在其他条件下都不运转，试设计其控制线路。

　　首先需要列出控制元件与执行元件的动作状态表，如表 6-5 所示，其中 KM 表示控制电动机运动的继电器。

表 6-5　　　　　　　　　　　　　控制元件与执行元件的动作状态表

SB1	SB2	SB3	KM
0	0	0	0
0	0	1	1
0	1	0	1
0	1	1	1
1	0	0	1
1	0	1	1
1	1	0	1
1	1	1	0

　　根据表 6-5 写出 KM 的逻辑表达式：

$$KM = \overline{SB_1} \cdot \overline{SB_2} \cdot SB_3 + \overline{SB_1} \cdot SB_2 \cdot SB_3 + \overline{SB_1} \cdot SB_2 \cdot \overline{SB_3} + SB_1 \cdot \overline{SB_2} \cdot SB_3 + SB_1 \cdot \overline{SB_2} \cdot \overline{SB_3} + SB_1 \cdot SB_2 \cdot \overline{SB_3}$$

　　利用逻辑代数基本公式将上述表达式化简至最简的"与、或"式：

$$KM = \overline{SB_1} \cdot \left(\overline{SB_2} \cdot SB_3 + SB_2 \cdot SB_3 + SB_2 \cdot \overline{SB_3} \right) + SB_1 \cdot \left(\overline{SB_2} \cdot SB_3 + \overline{SB_2} \cdot \overline{SB_3} + SB_2 \cdot \overline{SB_3} \right)$$

$$= \overline{SB_1} \cdot \left[SB_3 \cdot \left(\overline{SB_2} + SB_2 \right) + SB_2 \cdot \overline{SB_3} \right] + SB_1 \cdot \left[\overline{SB_2} \cdot \left(SB_3 + \overline{SB_3} \right) + SB_2 \cdot \overline{SB_3} \right]$$

$$= \overline{SB_1} \cdot \left[SB_3 + SB_2 \cdot \overline{SB_3} \right] + SB_1 \cdot \left[\overline{SB_2} + SB_2 \cdot \overline{SB_3} \right]$$

$$= \overline{SB_1} \cdot \left[SB_3 + SB_2 \right] + SB_1 \cdot \left[\overline{SB_2} + \overline{SB_3} \right]$$

　　然后分配符号表，如表 6-6 所示，进而根据化简结果得到图 6-16 所示的设计程序。

表 6-6　　　　　　　符号表分配

元件	地址
SB1	I0.0
SB2	I0.1
SB3	I0.2
KM	Q0.0

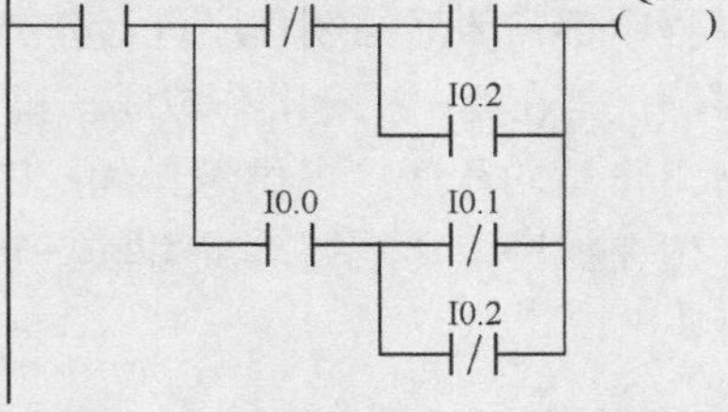

图 6-16　PLC 程序（逻辑代数设计法）

二、工作站程序设计

学会 PLC 的编程方法后，就需对工作站进行 PLC 编程，使各设备和机器人按照一定流程共同完成作业。通过分析项目二的工作站流程得知单台工作站的整体自动运行流程如图 6-17 所示。

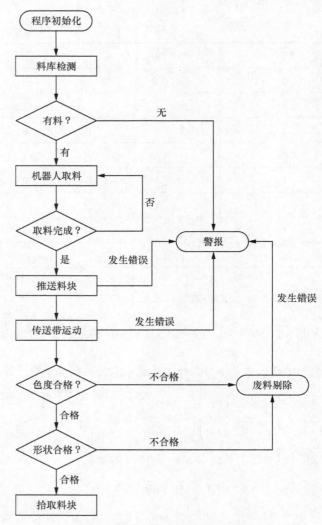

图 6-17　单台工作站自动运行流程

程序编写方法有许多种，不同的工作人员在编写过程中对于控制的侧重点也不相同，但在编写过程中都需要对控制程序进行分类和构建框架，增加程序的可读性，且当系统出现故障时，可确认是在哪一执行动作或哪一模块出现错误，这对于问题检修有很大帮助。

本台工作站的程序（提供源文件：HZ-Ⅱ-F01-PLC）可按照图 6-17 所示的各个流程块分别编写，但在程序编写之初，需编写安全程序，包括启动、停止、急停和复位，确保工作站安全运行。

1. 安全程序

启动和停止程序实现了对工作站系统的启动和动作运行完毕后的正常停止；急停程序实

现了当系统发生故障时，立即停止系统的所有动作；复位程序实现了当故障解除后，解除急停程序，使系统处于待工作状态。安全程序设计如图 6-18 所示。

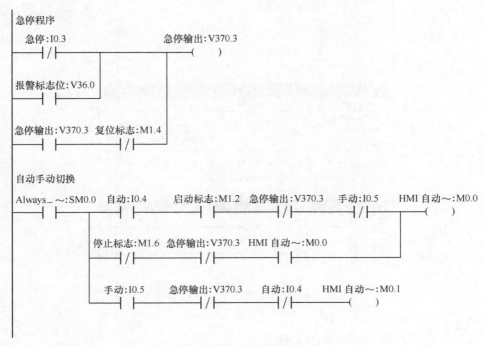

图 6-18　安全程序

由图 6-18 可知，由于与常闭触点 I0.3 连接的外部按钮（急停按钮）是常闭按钮，故当按下急停按钮时，常闭触点 I0.3 闭合，寄存器 V370.3 接通，常闭触点 V370.3 全部断开，按下自动运行按钮（常开触点 I0.4 闭合）或手动运行按钮（常开触点 I0.5 闭合）时，继电器 M0.0 和 M0.1 都不会接通，进而实现了急停按钮对系统的立即停止作用。

安全程序编写完成后，接下来该编写各个流程块的程序。

2. 程序的初始化

程序在运行之前需要初始化所有的动作位，防止在程序运行时因为未进行初始化而造成动作器件的误运行。初始化程序如图 6-19 所示。

当传感器检测到送料气缸和剔料气缸都到达后限位，常开触点 I0.7 和 I1.3 闭合，且料井中无物料时，传感器无信号输出，常闭触点 I1.0 保持闭合状态，继电器 M0.5 接通，初始化完成。

3. 料库检测

搬运机器人工作站的料库总共有 8 个仓位，每个仓位都由一个漫反射传感器进行检测，当仓位无料时，会产生报警，工作站停止运行，因此需要逐一检测 8 个仓位。其程序如图 6-20 所示。

由图 6-20 可知，当传感器检测到料库和料井中都无料时，常闭触点 I8.0 ～ I8.7 都保持闭合状态，继电器 M0.7 接通，发出报警。

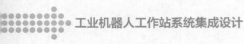

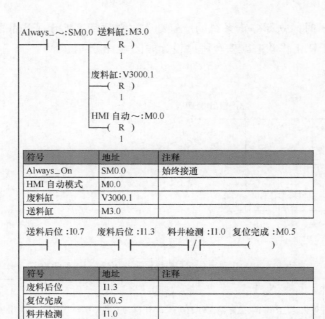

```
  Always_~:SM0.0    送料缸:M3.0
  ──┤ ├────────────┬──( R )
                   │     1
                   │
                   │  废料缸:V3000.1
                   ├──( R )
                   │     1
                   │
                   │  HMI 自动~:M0.0
                   └──( R )
                         1
```

符号	地址	注释
Always_On	SM0.0	始终接通
HMI 自动模式	M0.0	
废料缸	V3000.1	
送料缸	M3.0	

```
  送料后位:I0.7  废料后位:I1.3  料井检测:I1.0  复位完成:M0.5
  ──┤ ├─────────┤ ├─────────┤/├──────────(   )
```

符号	地址	注释
废料后位	I1.3	
复位完成	M0.5	
料井检测	I1.0	
送料后位	I0.7	

图 6-19　程序初始化

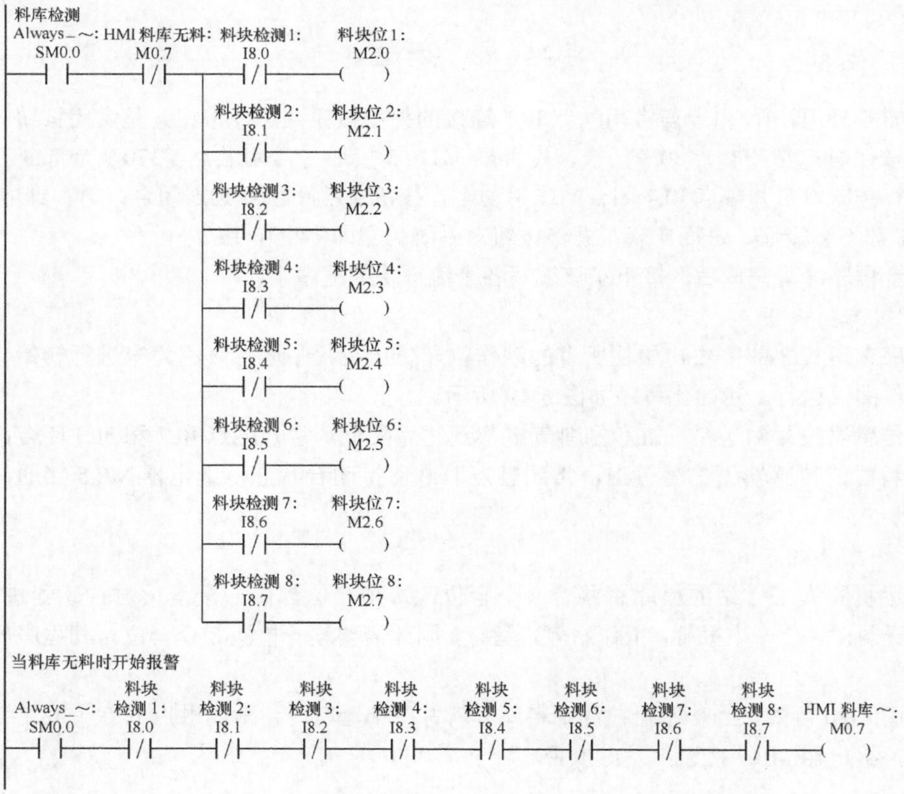

料库检测

```
  Always_~: HMI料库无料: 料块检测1:        料块位1:
  SM0.0      M0.7        I8.0             M2.0
  ──┤ ├──────┤ ├─────────┤/├──────────────(   )
                          料块检测2:        料块位2:
                          I8.1             M2.1
                          ┤/├──────────────(   )
                          料块检测3:        料块位3:
                          I8.2             M2.2
                          ┤/├──────────────(   )
                          料块检测4:        料块位4:
                          I8.3             M2.3
                          ┤/├──────────────(   )
                          料块检测5:        料块位5:
                          I8.4             M2.4
                          ┤/├──────────────(   )
                          料块检测6:        料块位6:
                          I8.5             M2.5
                          ┤/├──────────────(   )
                          料块检测7:        料块位7:
                          I8.6             M2.6
                          ┤/├──────────────(   )
                          料块检测8:        料块位8:
                          I8.7             M2.7
                          ┤/├──────────────(   )
```

当料库无料时开始报警

```
          料块      料块      料块      料块      料块      料块      料块      料块
  Always_~: 检测1:    检测2:    检测3:    检测4:    检测5:    检测6:    检测7:    检测8:   HMI 料库~:
  SM0.0    I8.0      I8.1      I8.2      I8.3      I8.4      I8.5      I8.6      I8.7      M0.7
  ──┤ ├────┤/├───────┤/├───────┤/├───────┤/├───────┤/├───────┤/├───────┤/├───────┤/├──────(   )
```

图 6-20　料库检测程序

4.机器人推送料块

机器人从料库中取料，将料块放入料井中，料井内的料块通过光纤传感器进行检测。

当料井内被料块填满之后，机器人会通过 I1.6 触点触发放料完成信号，将料井内的料块推送到传送带上。当气缸伸到最前位时，需要保持一段时间，防止料块回弹。在推出过程中遇到料块卡住或气缸在前限位或后限位导致气缸长时间无法动作时，会产生报警，其程序如图 6-21 所示。

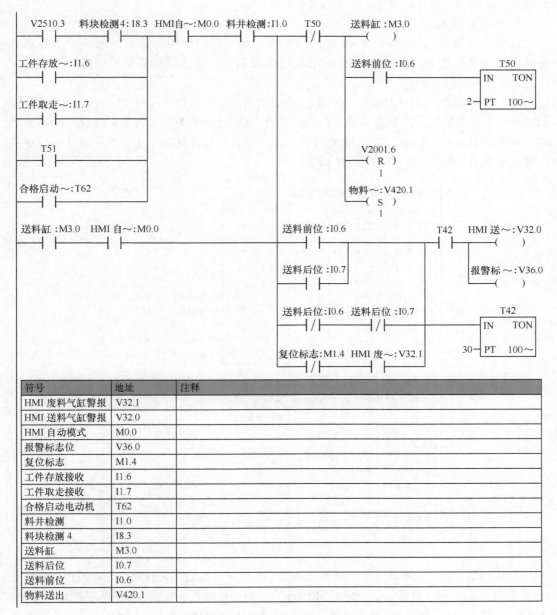

符号	地址	注释
HMI 废料气缸警报	V32.1	
HMI 送料气缸警报	V32.0	
HMI 自动模式	M0.0	
报警标志位	V36.0	
复位标志	M1.4	
工件存放接收	I1.6	
工件取走接收	I1.7	
合格启动电动机	T62	
料井检测	I1.0	
料块检测 4	I8.3	
送料缸	M3.0	
送料后位	I0.7	
送料前位	I0.6	
物料送出	V420.1	

图 6-21 机器人推送料块程序

由图 6-21 可知，当传感器检测到料井中有料时，常开触点 I1.0 闭合，且料井填满后，机器人触发常开触点 I1.6 闭合，在自动模式下，常开触点 M0.0 闭合，继电器 M3.0 接通，送料缸动作，当传感器检测到送料缸活塞杆到达前限位时，常开触点 I0.6 闭合，计时器 T50 开始计时，0.2s 后，常闭触点 T50 断开，继电器 M3.0 断开，送料缸活塞杆后退，起到防止物料回弹的作用。

当继电器 M3.0 接通后，计时器 T42 开始计时，如果气缸在推出过程中遇到料块卡住或活塞杆在前限位或后限位长时间无法动作的情况，计时器 T42 将持续计时，当达到 3s 后，常开触点 T42 闭合，寄存器 V32.0 接通，发出报警。

5. 传送带运动

当料块到达传送带之后，传送带将料块运送到相应的位置。带动传送带运动的步进电动机是由西门子 PLC 编程软件中的运动模块控制的，这些模块需要通过运动控制向导设置。

在进行传送带的运动编程时，手动模式和自动模式都需要调用程序模块 AXIS0_CTRL 驱动电动机，该模块在使用时需要连续供电，并且 MOD_EN 参数必须开启，才能启用其他运动模块控制电动机的运动。如果 MOD_EN 参数关闭，则运动轴将中止进行中的任何指令并执行减速停止。其驱动方式如图 6-22 所示。

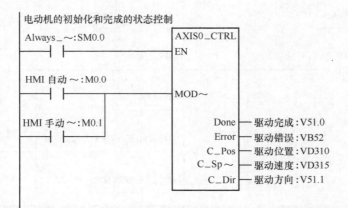

符号	地址	注释
Always_On	SM0.0	始终接通
HMI 手动模式	M0.1	
HMI 自动模式	M0.0	
驱动错误	VB52	
驱动方向	V51.1	
驱动速度	VD315	
驱动完成	V51.0	
驱动位置	VD310	

图 6-22　传送带运动程序

由图 6-22 可知，当系统正常工作时，如按下自动运行按钮，常开触点 I0.4 闭合，继电器 M0.0 接通，则图 6-22 所示的常开触点 M0.0 闭合，启动自动模式程序；如按下手动运行按钮，常开触点 I0.5 闭合，继电器 M0.1 接通，则图 6-22 所示的常开触点 M0.1 闭合，启动手动模式程序。

当电动机在自动模式和手动模式下动作时，其运动控制方法不同。

（1）自动模式

自动模式时使用 AXIS0_GOTO 模块，让电动机做连续运动。驱动该模块时，需要在使能端（EN）连续供电，并在信号端（Start）发送一个上升沿，速度端（Speed）写入电动机运动速度，模式端（Mode）则可以指定电动机的运动类型（绝对位置、相对位置、单速连续正向旋转、单速连续反向旋转）。

模块在运行过程中会在 C_Pos 端和 C_Speed 端输出当前电动机的速度和位置；在电动机停止时，需要使能端（EN）继续使能，同时开启 Abort 参数。当电动机在完成一个运动例程后，Done 端会输出信号表示运动已经完成。如果电动机在非正常情况下驱动或停止，则会在 Error 端发出字符型数据，表明电动机在该状态下发生了错误。自动模式的电动机程序如图 6-23 所示。

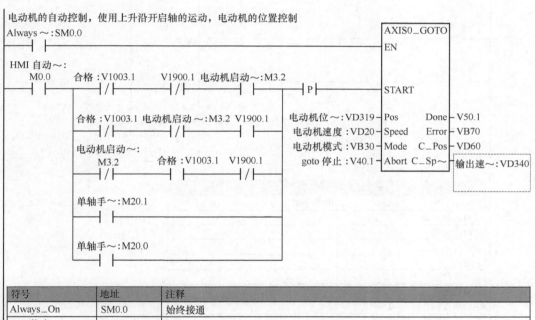

符号	地址	注释
Always_On	SM0.0	始终接通
goto 停止	V40.1	
HMI 启动模式	M0.0	
单轴手动连续反转	M20.0	
单轴手动连续正转	M20.1	
电动机模式	VB30	
电动机启动脉冲	M3.2	
电动机速度	VD20	
电动机位置设定	VD319	
合格	V1003.1	
输出速度	VD340	

图 6-23　自动模式的电动机程序

（2）手动模式

手动模式采用 AXIS0_MAN 模块进行控制，实现传送带的点动。该模块的点动有两种模式。

① 在运动向导中设置好默认的点动速度，然后在 JOG_P（正转）端或 JOG_N（反转）端发送信号，电动机正向或反向点动。

② 通过 Speed 端设定该模块的手动速度，Dir 端设定电动机的运动方向，触发 RUN 端使电动机运动一定的距离，该距离需要在运动向导中设定。在运动过程中，Dir 端的参数要一直保持为常数（0 或 1）。其程序如图 6-24 所示。

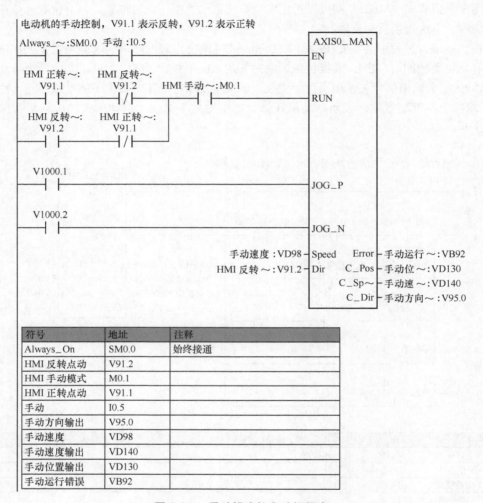

图 6-24　手动模式的电动机程序

6. 色度识别

料块的色度是通过色标传感器识别的，当浅色物体通过色标传感器时，色标传感器会产生感应，并通过常开信号线向 PLC 控制器发送信号，该信号属于瞬时信号，而当深色物体通过色标传感器时，色标传感器并不会发送信号。色度信号需要保留到机器人在传送带末端将料块拿走。色度识别的程序如图 6-25 所示。

由图 6-25 可知，当浅色物体通过色标传感器时，色标传感器发出信号，常开触点 I1.1 闭合，寄存器 V300.6 接通，且由常开触点 V300.6 实现自锁，保持浅色色度信号；当深色物体通过色标传感器时，色标传感器无动作，常闭触点 I1.1 保持闭合状态，物料随传送带继续向前行驶，当到达视觉系统检测位置时，视觉到位传感器发出信号，常开触点 I1.5 闭合，寄存器 V300.5接通，且由常开触点 V300.5 实现自锁，保持深色色度信号。

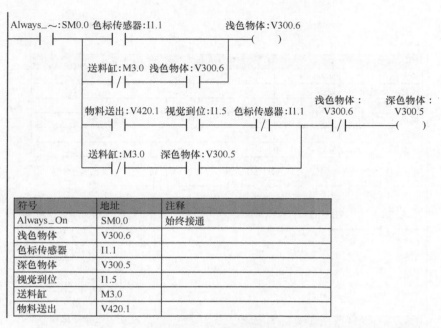

符号	地址	注释
Always_On	SM0.0	始终接通
浅色物体	V300.6	
色标传感器	I1.1	
深色物体	V300.5	
视觉到位	I1.5	
送料缸	M3.0	
物料送出	V420.1	

图 6-25　色度识别程序

7. 形状识别

料块形状是通过图像视觉相机进行识别的，当相机识别到料块，传送带会停留一段时间，用于相机识别料块形状。识别完成后，视觉系统会通过图像处理器线缆向 PLC 控制器输出对应的信号，该信号属于延时信号。形状识别的程序如图 6-26 所示。

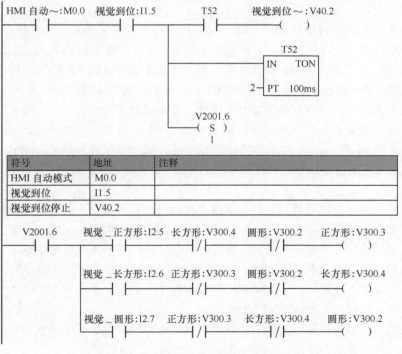

符号	地址	注释
HMI 自动模式	M0.0	
视觉到位	I1.5	
视觉到位停止	V40.2	

图 6-26　形状识别程序

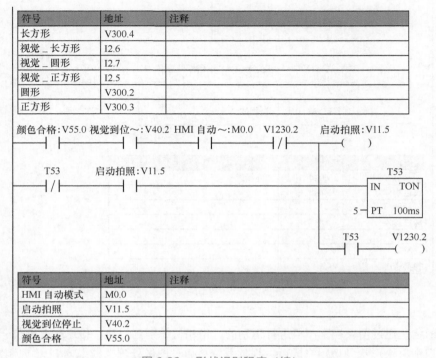

符号	地址	注释
长方形	V300.4	
视觉_长方形	I2.6	
视觉_圆形	I2.7	
视觉_正方形	I2.5	
圆形	V300.2	
正方形	V300.3	

颜色合格:V55.0　视觉到位~:V40.2　HMI 自动~:M0.0　V1230.2　　启动拍照:V11.5

T53　启动拍照:V11.5　　　　　　　　　　　　T53
　　　　　　　　　　　　　　　　　　　IN　　TON
　　　　　　　　　　　　　　　　　　5　PT　100ms

T53　　V1230.2

符号	地址	注释
HMI 自动模式	M0.0	
启动拍照	V11.5	
视觉到位停止	V40.2	
颜色合格	V55.0	

图 6-26　形状识别程序（续）

当料块经传送带到达视觉检测位置时，视觉到位传感器发出信号，常开触点 I1.5 闭合，计时器 T52 开始计时，计时 0.2s 后，常开触点 T52 闭合，寄存器 V40.2 接通，视觉系统开启，电动机停止转动，常开触点 V40.2 闭合，寄存器 V11.5 接通，相机开始拍照，计时器 T53 开始计时，0.5s 后，常闭触点 T53 断开，寄存器 V11.5 断开，相机拍照结束。

常开触点 I1.5 闭合时，寄存器 V2001.6 置位，常开触点 V2001.6 闭合，视觉系统将检测相机拍摄的照片中物料的形状，通过常开触点 I2.5、I2.6 和 I2.7 发送信号给 PLC，并通过寄存器 V300.3、V300.4 和 V300.5 实现形状检测程序的互锁，且该段程序与 V2001.6 串联，防止由于视觉系统发出的信号具有延时性而形成信号闭环。

8. 废料剔除

当不合格的料块运动到剔料气缸的位置时，剔料气缸将其推出。若剔料气缸被卡住以及在前限位或后限位长时间无法动作时，会发出报警。废料剔除的程序如图 6-27 所示。

当料块从视觉检测位置随传送带运行指定时间后，计时器 T47 的常开触点 T47 闭合，寄存器 V3000.1 接通，剔料气缸开始动作，当传感器检测到活塞杆到达前限位时，常开触点 I1.2 闭合，计时器 T51 开始计时，0.3s 后，常闭触点 T51 断开，寄存器 V3000.1 断开，剔料气缸活塞杆后退，起到防止物料回弹的作用。

与送料气缸同理，当剔料气缸被卡住以及在前限位或后限位长时间无法动作时，计时器 T43 计时到 3s，常开触点 T43 闭合，寄存器 V32.1 接通，发出报警。

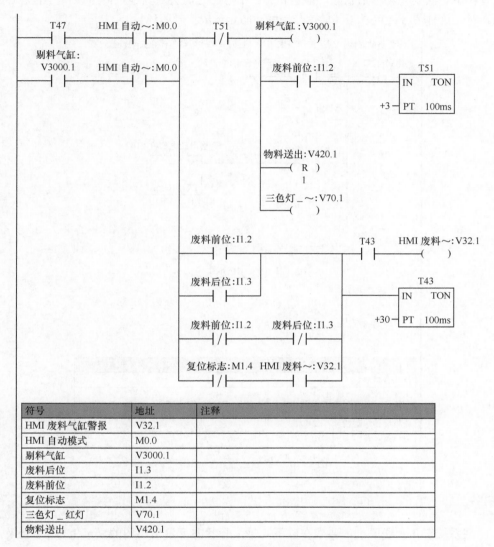

符号	地址	注释
HMI 废料气缸警报	V32.1	
HMI 自动模式	M0.0	
剔料气缸	V3000.1	
废料后位	I1.3	
废料前位	I1.2	
复位标志	M1.4	
三色灯_红灯	V70.1	
物料送出	V420.1	

图 6-27　废料剔除程序

9. 机器人拾取料块

当合格的料块运动到传送带末端时，PLC 会发出信号告诉机器人到末端取料。机器人拾取料块的程序如图 6-28 所示。

由图 6-28 可知，当传感器检测到合格料块接近时，常开触点 I1.4 闭合，计时器 T57 开始计时，0.7s 后，常开触点 T57 闭合，寄存器 V60.3 接通，电动机停止转动，并提示机器人抓取物料，当机器人将物料取走后，向 PLC 发送信号，常开触点 I1.7 闭合，计时器 T62 开始计时，0.1s 后，电动机启动，重复下一个循环。

在编程过程中需要注意对瞬时信号和延时信号的处理。例如，机器人的色度信号为瞬时信号，但是它需要将信号保持传送到机器人将料块从传送带末端拿走时才能停止。对于这样的瞬时信号，需要用自保电路将其进行延时处理。而图像视觉信号则是一种延时信号，该信号只有在下一次辨识物体形状时，才会转换。信号的延时会对其他依附于该信号的信号产生影响。对于这种信号，可以与其他信号串联，防止形成信号闭环。

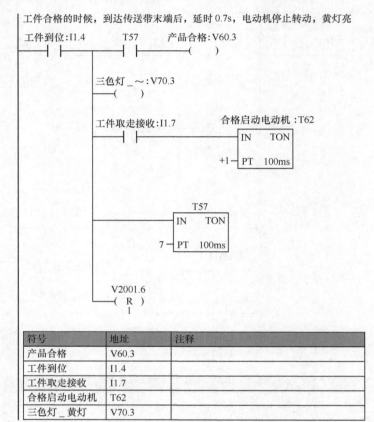

工件合格的时候，到达传送带末端后，延时 0.7s，电动机停止转动，黄灯亮

符号	地址	注释
产品合格	V60.3	
工件到位	I1.4	
工件取走接收	I1.7	
合格启动电动机	T62	
三色灯 _ 黄灯	V70.3	

图 6-28　机器人拾取料块程序

【思考与练习】

1. 某系统有 4 台通风机，要求在以下几种运行状态下发出不同的显示信号：3 台及 3 台以上开机时，绿灯常亮；两台开机时，绿灯以 5Hz 的频率闪烁；一台开机时，红灯以 5Hz 的频率闪烁；全部停机时，红灯常亮。试用逻辑代数设计法进行编程。

2. 某电液控制系统中有两个动力头，其工作流程图如图 6-29 所示。

电液控制系统的控制要求如下。

（1）系统启动后，两个动力头便同时开始按流程图中的工步顺序运行。从它们都退回原位开始延时 10s 后，又同时开始进入下一个循环的运行。

（2）若断开控制开关，各动力头必须结束当前的运行过程（即退回原位）后，才能自动停止运行。

（3）各动力头的运动状态取决于电磁阀线圈的通、断电，它们的对应关系如表 6-7 所示。表中的"+"表示该电磁阀的线圈通电，"–"表示该电磁阀的线圈不通电。

试用顺序控制设计法进行编程。

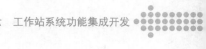
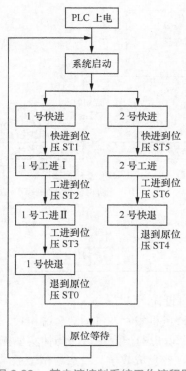

图 6-29　某电液控制系统工作流程图

表 6-7　　　　　　　　　动力头的运动状态与电磁阀线圈的通、断对应关系

1号动力头				2号动力头			
动作	YV1	YV2	YV3	YV4	动作	YV5	YV6	YV7
快进	－	＋	＋	－	快进	＋	＋	－
工进Ⅰ	＋	＋	－	－	工进	＋	－	＋
工进Ⅱ	－	＋	－	＋	快退	－	＋	＋
快退	＋	－	＋	－				

3. 传送带的两种模式（手动和自动）分别是如何控制的？

4. 搬运工作站在运行时，出现哪些情况会报警？

项目总结

　　本项目的内容是实现系统功能程序，通过该项目的学习，读者应学会工作站的电气电路设计方法，并了解工作站中 PLC 与外部设备以及机器人的数据交互方法，以及 PLC 程序的设计方法。项目六技能图谱如图 6-30 所示。

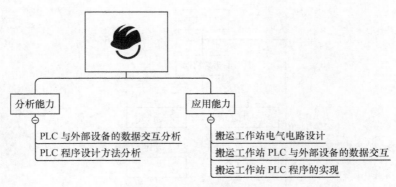

图 6-30   项目六技能图谱

拓展训练

项目名称：搬运工作站程序设计

工作站介绍：该工作站由搬运机械手、气动滑台等组成。系统按照预定编好的程序，在4个自由度内，对在其回转半径以内的一定重量的物体实现抓举和运送功能。该系统可以广泛应用于自动化生产线，也可以开发成教学系统应用试验教学。这个工作站是机－电－气一体化的系统，其构思独特，结构精巧。与同类型的工作站相比，具有动作可靠、结构简单、工作效率高的优点，如图 6-31 所示。

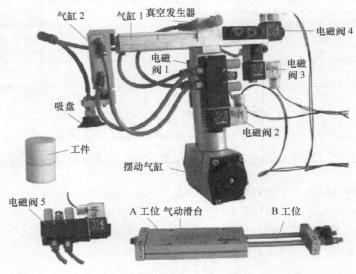

图 6-31   气动搬运工作站

动作步骤：机械手（气缸1）伸长，3s；吸盘（气缸2）下降，3s；吸盘吸工件，3s；吸盘（2号缸）上升，3s；摆动气缸正转 90°，3s；气动滑台由 A 工位到 B 工位，3s；吸盘下降，3s；吸盘放工件，3s；吸盘上升，3s；机械手回缩，3s；气动滑台由 B 工位到 A 工位，3s；摆动气缸反转 90°。其流程如图 6-32 所示。

项目要求：编写该气动搬运工作站的 PLC 程序。

格式要求：以 Word 形式提交，以 PPT 形式展示。

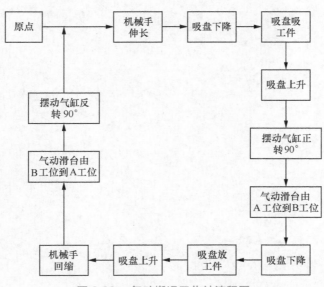

图 6-32 气动搬运工作站流程图

考核方式：提交程序编写文档（纸质版、电子版均可，需在每段程序标注程序对应的动作），并于课内讲解 PPT，时间要求 8 ～ 10min。

评估标准：搬运工作站程序设计拓展训练评估表见表 6-8。

表 6-8 拓展训练评估表

项目名称：搬运工作站程序设计	项目承接人：	日期：
项目要求	**评分标准**	**得分情况**
总体要求（100分） ① 编写工作站一个生产节拍的 PLC程序； ② 在PPT中展示各动作的主要程序部分，并做具体讲解说明		
评价人	**评价说明**	**备注**
教师：		

拓展篇

付诸应用实践
厚积薄发

项目七
焊接机器人系统集成设计实践

项目引入

  通过前期项目关于搬运工作站设计知识的学习，我已经基本掌握了系统集成的设计方法，去和 Philip 表示感谢后便回了公司，向师傅 Jack 汇报了我近期关于系统集成学习的成果。

  师傅点头表示赞扬，并说道："最近公司又接到了一个新的项目，焊接工作站的设计，现在你已经了解如何设计系统集成了，那这个项目就交由你来负责吧。"并拍着我的肩膀，"好好努力。"

  我才刚入公司不久，就可以担任项目负责人，独立完成项目了，内心非常高兴，说："好的，师傅，我会努力完成这个项目，将所学知识付诸实践，巩固之前学习的系统集成设计知识。"

知识图谱

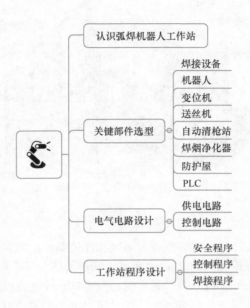

任务一　认识弧焊机器人工作站

【任务描述】

开始设计实践的第一天，我对焊接工作站有些茫然，就回顾在研发中心学习搬运工作站系统集成设计时的流程，便想到我应该先了解焊接工作站，熟悉其组成和工作流程，这会对我进行具体的设计工作起到指导作用。

微课

认识弧焊机器人
工作站

【任务学习】

弧焊机器人工作站布局图如图 7-1 所示。弧焊机器人工作站主要由工业机器人系统（机器人本体、控制柜、机器人控制柜）、焊接系统（清枪站、送丝机、变位机、焊丝盘、焊接电源、焊枪、焊烟净化器）和防护装置（保护气瓶、空气压缩机、安全护栏）组成（提供源文件：弧焊机器人工作站装配体）。

弧焊焊接的工具是焊枪、焊丝与焊接电源；在焊接较难的工件焊缝时，弧焊机器人的位置需要变动，因此需要机器人的柔性及变位机的变位实现焊接过程中的联动应用。在焊接过程中，有的焊缝需要进行惰性气体的氛围保护，因此要用到气动元件和气源设备等。

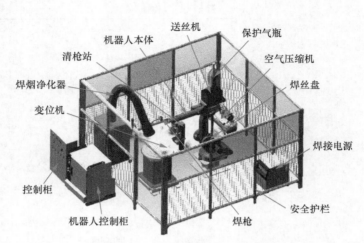

图 7-1　弧焊机器人工作站布局图

在所有的硬件都确定之后，就需要通过电气元件控制机器人和其余外围设备之间的工作关系，这时需要用到过程控制中的 PLC 控制器，它与外围设备之间需要经过通信进行联系，在通信成功之后，还需要通过 PLC 软件进行编程及调试，才能完成控制。

弧焊机器人在应用过程中需要与其他外围设备组成工作站进行工作，其基本硬件一般包括：机器人本体、焊接设备、变位机、工装夹具、安全设施、控制器及其他辅助部分，如焊烟净化器、传感器、自动清枪站等。机器人本体和焊接设备主要实现焊接作业，其他辅助设备是确保焊接作业顺利进行的必要条件，控制器协调弧焊机器人工作站每一部分都顺利进行作业。

【思考与练习】

弧焊机器人工作站基本硬件一般包括：_____、_____、_____、_____、_____、_____及其他辅助部分，如_____、_____、_____等。

任务二　关键部件选型

【任务描述】

微课

关键部件选型

通过对工作站的认识，我了解了工作站的组成，接下来进行工作站设计的主要任务——弧焊机器人工作站的关键元件的选型与设计。

【任务学习】

一、焊接材料和设备

1. 焊接材料

在焊接过程中，焊接材料是用来结合金属部件，填充金属工件之间的缝隙的。不同工件的材料和工艺，选用的焊接材料也不相同。弧焊工艺通常根据被焊工件材料的种类、焊接部件的质量要求、焊接施工条件、成本等综合考虑。

焊接材料的选定顺序通常如下。

（1）根据被焊结构的钢种选择合适的焊材。对于碳钢及低合金高强钢，主要是按照"等强度"的原则，选择满足力学性能要求的焊接材料。

（2）焊接部位的质量，尤其是冲击韧性的变化，与工艺和施工条件相关，要在确保焊接接头性能的前提下，选择达到最大焊接效率及降低焊接成本的焊接工艺方法。

（3）根据现场的焊接位置，对应于厚板选择所使用焊材的形状和尺寸，确定所使用的电流值，参考各生产厂的产品介绍资料及使用经验，选择适合于焊接位置及使用电流的焊丝牌号。

弧焊工艺中常用的焊接材料为焊丝。焊丝是表面没有药皮的焊接材料，通常以盘状或桶状保存。焊丝的分类方法有很多，可以按制造方式、焊接工艺及被焊材料分类，具体分类如图 7-2 所示。

焊丝一般按照制造方式分为实心焊丝和药芯焊丝两种，药芯焊丝还可分为自保药芯焊丝和非自保药芯焊丝两种。实心焊丝和非自保药芯焊丝在焊接过程中需要保护氛围，自保药芯焊丝则不需要，在埋弧焊工艺中，需要用焊剂提供保护氛围，而在气体保护焊中则需要气体做保护氛围。通常药芯焊丝对于焊缝熔池的熔炼要比实心焊丝好，但实心焊丝比药芯焊丝的价格便宜，并且药芯焊丝容易受潮，会对焊接性能造成影响，需要严格保存。

在选用焊丝时要注意焊丝的型号和牌号，通常可以通过它们来反映其主要性能特征及类别。焊丝型号是以国家标准为依据的，是反映焊丝主要特性的一种表示方法。焊丝型号包含以下含义：焊丝、焊丝类别、焊丝特点、焊接位置及焊接电源等。例如，药芯焊丝型号 E501T-1，表示药芯焊丝熔敷金属抗拉强度大于 490MPa（$50kgf/mm^2$），适用于全位置焊接，外加保护气，直流电源，焊丝接正极，用于单道焊和多道焊。不同类型焊丝型号的表示方法也有不同。图 7-3 所示为焊丝型号举例。

焊丝牌号是对焊丝产品的具体命名，它按照国家标准要求，由生产厂家或行业组织统一命名。每种焊丝产品只有一个牌号，但多种牌号的焊丝可以同时对应一种型号。图 7-4 所示为焊丝牌号的举例。

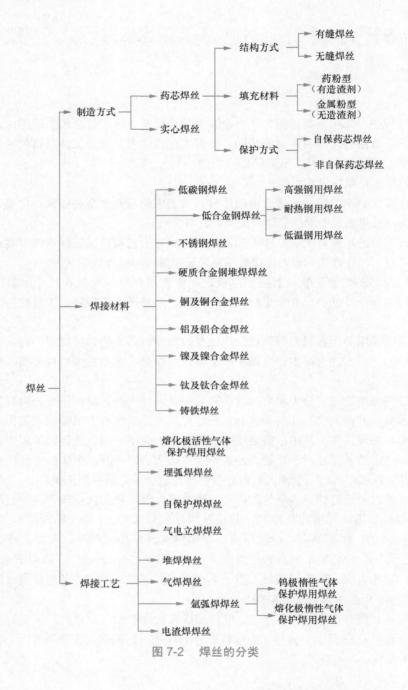

图 7-2　焊丝的分类

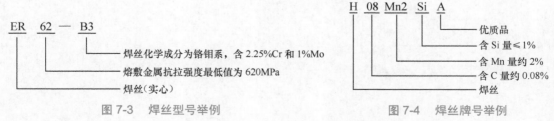

图 7-3　焊丝型号举例

图 7-4　焊丝牌号举例

表 7-1 所示为各类实心焊丝的牌号及化学成分的汇总表。

表 7-1　　焊接用钢丝牌号及化学成分

钢种	牌号	化学成分/%								
		C	Mn	Si	Cr	Ni	Mo	其他	S≤	P≤
碳素结构钢	H08A	≤0.01	0.30~0.55	≤0.03	≤0.20	≤0.30	—	—	0.03	0.03
	H08E								0.02	0.02
	H08C				0.10	0.10			0.015	0.015
	H08Mn		0.80~1.10	≤0.07	≤0.20	≤0.30			0.04	0.04
	H08MnA								0.03	0.03
	H15A	0.11~0.18	0.35~0.65	≤0.03					0.03	
	H15Mn		0.80~1.10						0.035	0.035
合金结构钢	H10Mn2	≤0.12	1.50~1.90	≤0.07	≤0.20	≤0.30	—	Cu≤0.20	0.035	0.035
	H08MnSi	≤0.11	1.20~1.50	0.04~0.70					0.035	0.035
	H08Mn2Si		1.70~2.10	0.65~0.95					0.035	
	H08Mn2SiA		1.80~2.10						0.03	0.03
	H10MnSi	≤0.14	0.80~1.10	0.60~0.90					0.035	0.035
	H11MnSi	0.07~0.15	1.00~1.50	0.65~0.95		≤0.15	≤0.15	V≤0.05	0.025	
	H11Mn2SiA		1.40~1.85	0.85~1.15					0.025	0.025
	H11MnSiMo	≤0.14	0.90~1.20	0.70~1.10			0.15~0.25	Cu≤0.20	0.03	0.035
	H10MnSiMoTiA	0.08~0.12	1.00~1.30	0.40~0.70			0.20~0.40	Ti0.05~0.15	0.025	
	H08MnMoA	≤0.10	1.20~1.60	≤0.25		≤0.30	0.30~0.50	（加入量）Ti0.15	0.03	0.03
	H08Mn2MoA	0.06~0.11	1.60~1.90	≤0.25			0.50~0.70			
	H10Mn2MoA	0.08~0.13	1.70~2.00	≤0.40			0.60~0.80			
	H08Mn2MoVA	0.06~0.11	1.60~1.90	≤0.25			0.50~0.70	V0.06~0.12		
	H10Mn2MoVA	0.08~1.13	1.70~2.00	≤0.40			0.60~0.80			
	H08CrNi2MoA	0.05~0.10	0.50~0.85	0.10~0.30	0.70~1.00	1.40~1.80	0.20~0.40	—	0.025	0.30
	H30CrMnSiA	0.25~0.35	0.80~1.10	0.90~1.20	0.80~1.10	≤0.30	—			0.025
铬钼耐热钢	H08CrMoA	≤0.10	0.40~0.70	0.15~0.35	0.8~1.10	≤0.30	0.40~0.60	—	0.03	0.030
	H13CrMoA	0.11~0.16					0.40~0.60	—	0.03	
	H18CrMoA	0.15~0.22					0.15~0.25	—	0.025	
	H08CrMoVA	≤0.10			1.00~1.30		0.50~0.70	V0.15~0.35	0.03	
	H10CrMoA	≤0.12			0.45~0.65		0.40~0.60		0.03	
	H08CrMnSiMoVA	≤0.10	1.20~1.60	0.60~0.90	0.95~1.25	≤0.25	0.50~0.70	V0.20~0.40	0.03	
	H08Cr2MoA	≤0.10	0.40~0.70	0.15~0.35	2.00~2.50		0.90~1.20		0.03	
	H1Cr5Mo	≤0.12	0.40~0.70		4.0~6.0	≤0.30	0.40~0.60	—	0.03	

续表

钢种	牌号	化学成分/%								
		C	Mn	Si	Cr	Ni	Mo	其他	S≤	P≤
不锈钢	H0Cr14	≤0.06	≤0.6	≤0.7	13.0~15.0	≤0.60			0.03	0.03
	H1Cr13	≤0.12	≤0.60	≤0.50	11.5~13.5	≤0.60				
	H2Cr13	0.13~0.21	≤0.60	≤0.60	12.0~14.0	≤0.60				
	H1Cr17	≤0.10	≤0.60	≤0.50	15.5~17.0	≤0.60	—	—		
	H1Cr19Ni9	≤0.14	1.0~2.0	≤0.60	18.0~20.0	8.0~10.0				
	H0Cr21Ni10	≤0.08			19.5~22.0	9.0~11.0			0.03	
	H00Cr21Ni10	≤0.03			19.5~22.0	9.0~11.0			0.02	
	H1Cr24Ni13	≤0.12			23.0~25.0	12.0~14.0			0.03	
	H1Cr24Ni13Mo2	≤0.12	1.0~2.5	≤0.60	23.0~25.0	12.0~14.0	2.0~3.0		0.03	
	H0Cr26Ni21	≤0.08			25.0~28.0	20.0~22.5			0.03	
	H1Cr26Ni21	≤0.15			25.0~28.0	20.0~22.5			0.03	
	H0Cr19Ni12Mo2	≤0.08			18.0~20.0	11.0~14.0	2.0~3.0		0.03	0.03
	H00Cr25Ni22Mn4Mo2N	≤0.03	3.50~5.50	≤0.50	24.0~26.0	21.5~23.0	2.0~2.8	N0.10~0.15	—	—
	H0Cr17Ni4Cu4Nb	≤0.05	0.25~0.75	≤0.75	15.5~17.5	4.0~5.0	≤0.75	Cu3.0~4.0 Nb0.15~0.45	0.03	0.03
	H00Cr19Ni12Mo2	≤0.03			18.0~20.0	11.0~14.0	2.0~3.0	—	0.03	0.03
	H00Cr19Ni12Mo2Cu2	≤0.03			18.0~20.0	11.0~14.0	2.0~3.0	Cu1.0~2.5	0.02	
	H0Cr19Ni14Mo3	≤0.08	1.0~2.5	≤0.60	18.5~20.5	13.0~15.0	3.0~4.0	—	0.03	
	H0Cr20Ni10Ti	≤0.08			18.5~20.5	9.0~10.5	—	Ti9×C~1.0	0.03	0.03
	H0Cr20Ni10Nb	≤0.08			19.0~21.5	9.0~11.0	—	Nb10×C~1.0	0.03	
	H1Cr21Ni10Mn6	≤0.10	5.0~7.0	≤0.60	20.0~22.0	9.0~11.0			0.02	
	H00Cr20Ni25Mn4Cu	≤0.03	1.0~2.5	≤0.60	19.0~21.0	24.0~26.0	4.0~5.0	Cu1.0~2.0	0.02	

表 7-2 所示为《气体保护电弧焊用碳钢、低合金钢焊丝》（GB/T 8110—2008）的部分内容。焊丝的型号是按强度级别和成分类型命名的，以字母 E 开头，其化学成分和熔敷金属力学性能可从表 7-2 中得到。

本工作站的焊接材料为碳钢 Q235，通过查表 7-2，选用牌号为 ER50-6 的气保焊丝。该焊丝的熔敷最低抗拉强度和屈服强度分别为 500MPa 和 420MPa，最小伸长率为 22%。

2. 焊接保护气体

弧焊机器人常使用气体保护焊，其焊接方式分类如图 7-5 所示。

表 7-2　　　　　　　　气体保护电弧焊用碳钢、低合金钢焊丝熔敷金属力学性能

焊丝型号	保护气体	熔敷金属拉伸试验			熔敷金属V形块冲击试验	
		σ_b/MPa	$\sigma_{0.2}$/MPa	δ_5/%	试验温度/℃	A_{KV}/J
ER49-1	CO₂	≥490	≥372	≥20	室温	≥47
ER50-2		≥500	≥420	≥22	−29	≥27
ER50-3					18	
ER50-4					不要求	
ER50-5						
ER50-6						
ER50-7						
ER55-D2-Ti			≥470	≥17	−29	≥27
ER55-D2						
ER55-B2	Ar+(1~5)%O₂	≥550		≥19	不要求	
ER55-B2L						
ER55-B2-MnV	Ar+20%CO₂		≥440		室温	
ER55-B2-Mn				≥20		
ER55-C1			≥470	≥24	−46	≥27
ER55-C2	Ar+(1~5)%O₂				−62	
ER55-C3					−73	
ER62-B3		≥620	≥540	≥17	不要求	
ER62-B3L						
ER69-1	Ar+2%O₂	≥690	610~700	≥16	−51	≥68
ER69-2						
ER69-3	CO₂				−20	≥35
ER76-1	Ar+2%O₂	≥760	660~740	≥15	−51	≥68
ER783-1		≥830	730~840	≥14		
ERXX-G	供需双方协商					

　　在焊接过程中，焊接保护气体不仅是焊接区域的保护介质，也是产生电弧的气体介质，其特性不仅影响保护效果，也影响到电弧和焊丝金属熔滴过渡特性、焊接过程的冶金特性以及焊缝的成形质量。

　　焊接保护气体可以选用单一气体，如氩气（Ar）、氦气（He）、氢气（H₂）、氮气（N₂），二氧化碳（CO₂）等，也可以使用混合气体，如 Ar+He、Ar+H₂、Ar+O₂、

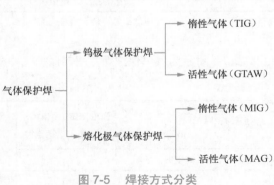

图 7-5　焊接方式分类

Ar+CO₂、Ar+CO₂+O₂ 和 CO₂+O₂ 等。使用混合保护气体的主要目的是适应不同金属材料和焊

接工艺的需要，促使获得最佳的保护效果、电弧特性、熔滴过渡特性、焊缝成形质量等。国际焊接学会指出，保护气体统一按氧化势进行分类，并确定分类指标的简单计算公式：分类指标 $=O_2\%+1/2CO_2\%$。在此公式的基础上，根据保护气体的氧化势可将保护气体分成 5 类：Ⅰ 类为惰性气体或还原性气体，M_1 类为弱氧化性气体，M_2 类为中等氧化性气体，M_3 类和 C 类为强氧化性气体。表 7-3 所示为各类保护气体的氧化势。

表 7-3　　　　　　　　各类型保护气体的氧化势指标

类型	I	M_1	M_2	M_3	C
氧化势指标	<1	1～5	5～9	9～16	>16

表 7-4 所示为焊接黑色金属（通常指铁、锰、铬及其合金）时保护气体的分类。

表 7-4　　　　　　　　焊接黑色金属时保护气体的分类

分类	气体数目	混合比（以体积百分比表示）%					类型	焊缝金属中的含氧量/%
		氧化性		惰性		还原性		
		CO_2	O_2	Ar	He	H_2		
Ⅰ	1	—	—	100	—	—	惰性	<0.02
	1	—	—	—	100	—		
	2	—	—	27～75	余	—		
	2	—	—	85～95	—	余	还原性	
	1	—	—	—	—	100		
M_1	2	2～4	—	余	—	—	弱氧化性	0.02～0.04
	2	—	1～3	余	—	—		
M_2	2	15～30	—	余	—	—	中等氧化性	0.04～0.07
	3	5～15	1～4	余	—	—		
	2	—	4～8	余	—	—		
M_3	2	30～40	—	余	—	—	强氧化性	>0.07
	2	—	9～12	余	—	—		
	3	5～20	4～6	余	—	—		
C	1	100	—	—	—	—		
	2	余	<20	—	—	—		

注："余"表示剩下的气体量都为"余"所对应的气体。

表 7-5 所示为气体保护焊常用的保护气体成分与特性。

表 7-5　　　　　　　气体保护焊常用的保护气体成分与特性

保护气体	保护气体成分（体积分数）	弧柱电位梯度	电弧稳定性	金属过渡特性	化学性能	焊缝/熔深/形状	加热特性
Ar	纯度99.995%	低	优	良好	—	蘑菇形	
He	纯度99.99%	高	良好	良好	—	扁平形	对焊件热输入比Ar高

续表

保护气体	保护气体成分（体积分数）	弧柱电位梯度	电弧稳定性	金属过渡特性	化学性能	焊缝/熔深/形状	加热特性
N_2	纯度99.99%	高	差	差	能在钢中产生气孔和氮化物	扁平形	—
CO_2	纯度99.99%	高	良好	良好，有些飞溅	强氧化性	扁平形熔深较大	—
Ar+He	Ar+(≤75%)He	中等	优	优	—	扁平形熔深较大	—
Ar+H_2	Ar+(5～15)%H_2	中等	优	—	还原性H_2的体积分数>5%会产生气孔	熔深较大	—
Ar+CO_2	Ar+5%CO_2	低～中等	优	优	弱氧化性	扁平形熔深较大（改善焊缝成形）	—
	Ar+20%CO_2				中等氧化性		
Ar+O_2	Ar+(5～15)%O_2	低	优	优	弱氧化性	蘑菇形熔深较大（改善焊缝成形）	—
Ar+CO_2+O_2	Ar+20%CO_2+5%CO_2	中等	优	优	中等氧化性	扁平形熔深较大（改善焊缝成形）	—
CO_2+O_2	CO_2+(≤20%)O_2	高	稍差	良好	强氧化性	扁平形熔深大	—

表 7-6 所示为各种保护气体使用的焊接工艺方法和焊件材料及其厚度范围。

表 7-6　　　　　　　　各种保护气体使用的焊接工艺方法与焊件材料

保护气体成分（体积分数）	适用焊接方法	焊丝直径/mm	适用的金属材料	焊件厚度/mm	施焊方式	焊接位置	备注
纯Ar	TIG焊	—	有色金属奥氏体不锈钢	—	手工焊自动焊	—	—
	MTG喷射过渡	0.8～1.6		3～5	半自动焊自动焊	全位置	立焊向下焊
		1.6～5.0		5～40		平焊	
	MIG脉冲喷射过渡	0.8～2.0		1.5～5		全位置	立焊向下焊
		1.6～5.0		6～40		平焊	
纯He	TIG焊	—	—	—	手工焊自动焊	—	—
	MTG喷射过渡	0.8～1.0		4～6	半自动焊自动焊	全位置	立焊向下焊
		1.2～4.0		6～40	自动焊	平焊	—

保护气体成分 （体积分数）	适用焊接方法	焊丝直径 /mm	适用的 金属材料	焊件厚度 /mm	施焊方式	焊接位置	备注
纯 He	MTG 脉冲 喷射过渡	0.8～1.2	—	2～5	半自动焊 自动焊	全位置	立焊向下焊
		2.0～4.0		8～40	自动焊	平焊	—
纯N₂	MTG滴状兼 短路过渡	0.8～1.2	—	3～5	半自动焊	全位置	立焊向下焊
		1.6～4.0		5～30	自动焊	平焊	—
纯CO₂	MTG短路过渡	0.5～1.6	—	0.5～5	半自动焊	全位置	立焊向下焊
	MTG滴状兼 短路过渡	1.6～4.0		4～10	自动焊	平焊	—
Ar+≤75%He	TIG焊	—	—	—	手工焊 自动焊	—	—
	MTG喷射过渡	1.6～4.0	—	8～40	自动焊	平焊	—
Ar+(5～15)%H2	TIG焊	—	—	—	手工焊 自动焊	—	—

只有选择适合的焊接保护气体，才能达到最佳的焊接结果，所选用的保护气体应尽可能满足如下要求。

① 对焊接区（包括焊丝、电弧、熔池及高温的近缝区）起到良好的保护作用。

② 作为电弧的气体介质，它应有利于引弧和保持电弧稳定燃烧。

③ 有助于提高对焊件的加热效率，改善焊缝成形。

④ 在焊接时，能促进焊丝获得所希望的熔滴过渡特性，减小金属飞溅。

⑤ 在焊接过程中，能控制保护气体的有害冶金反应，以减少气孔、裂纹和夹渣等缺陷。

⑥ 易于制取，来源容易，价格低廉。

根据焊丝类型和焊接材料的类型，本工作站选用高纯度 CO_2 焊接保护气体。

3. 焊枪

弧焊机器人常使用焊枪执行焊接操作。焊枪又分为钨极氩弧焊焊枪和熔化极气体保护焊焊枪。

（1）钨极氩弧焊焊枪

钨极氩弧焊焊枪用来夹持钨极、传导焊接电源和输送并喷出保护气体。它应满足下列要求。

① 喷出的保护气体具有良好的流动状态和一定的挺度，以便获得可靠的保护。

② 有良好的导电性、气密性和水密性（用水冷时）。

③ 充分冷却，以保证能持久工作。

④ 喷嘴与钨极之间绝缘良好，以免喷嘴与工件接触短路，破坏电弧。

⑤ 重量轻，结构紧凑，可达性好，拆装维修方便。

　　焊枪分为气冷式和水冷式两种，前者用于小电流（一般≤150A）焊接。其冷却作用主要是由保护气体的流动来完成的，气冷式焊枪重量轻，尺寸小，结构紧凑，价格比较便宜；后者用于大电流（≥150A）焊接，其冷却作用主要由流过焊枪内的导电部分和焊接电缆的循环水来实现，水冷式焊枪结构比较复杂，比气冷式重而贵，主要用于机器人及自动化焊接。图7-6所示为手工钨极氩弧焊用的典型水冷式焊枪。

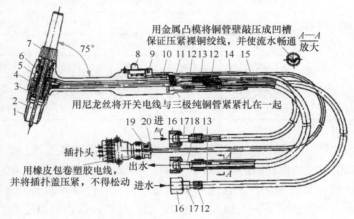

图 7-6　PQI-350-1 型水冷式焊枪

1—陶瓷喷嘴　2—钨电极　3—4mm×26mm 封环　4，5—枪体塑料压制件　6—轧头套筒　7—绝缘帽

8—KB-1 型拨动式波段开关　9—M2mm×6mm 球面圆柱螺钉　10—2×23/0.15mm² 双股并联塑胶线

11—手柄　12—φ0.5mm 尼龙线　13—长 5m、内径 φ5mm 聚氯乙烯半透明塑料管

14—长 5m、内径 φ10mm 聚氯乙烯半透明塑料管　15—长 5m 的 400 根 36 号镀锡裸绞线

16—螺母　17，18—管接头　19—直线电缆插头（阳插头）　20—厚 2mm 软橡胶（20mm×60mm）

　　焊枪的各种规格是按它能采用的最大电流来划分的，它们将适应不同规格的电极和不同类型与尺寸的喷嘴。焊枪头部的倾斜角度，即电极与手柄之间的夹角为 0～90°。

　　表 7-7 所示为部分国产手工钨极氩弧焊焊枪的型号和技术规格。

表 7-7　　　　　　　　　　　　　　　　焊枪型号及技术规格

型号	冷却方式	出气角度	额定焊接电流/A	适用钨极尺寸/mm		开关形式	质量/kg
				长度	直径		
PQ1-150		65°	150	110	φ1.6、φ2、φ3	推键	0.13
PQ1-350		75°	350	150	φ3、φ4、φ5	推键	0.3
PQ1-500		75°	500	180	φ4、φ5、φ6	推键	0.45
QS-0/150	循环水冷却	0（笔式）	150	90	φ1.6、φ2、φ2.5	按钮	0.14
QS-65/70		65°	200	90	φ1.6、φ2、φ2.5	按钮	0.11
QS-85/250		85°	250	160	φ2、φ3、φ4	船形开关	0.26
QS-65/300		65°	300	160	φ3、φ4、φ5	按钮	0.26
QS-75/400		75°	400	150	φ3、φ4、φ5	推键	0.40

型号	冷却方式	出气角度	额定焊接电流/A	适用钨极尺寸/mm		开关形式	质量/kg
				长度	直径		
QQ-0/10		0（笔式）	10	100	$\phi1.0$、$\phi1.6$	微动开关	0.08
QQ-65/75		65°	75	40	$\phi1.0$、$\phi1.6$	微动开关	0.09
QQ-0～90/75		0～90°	75	70	$\phi1.2$、$\phi1.6$、$\phi2$	按钮	0.15
QQ-85/100	气冷却（自冷）	85°	100	160	$\phi1.6$、$\phi2$	船形开关	0.2
QQ-0～90/150		0～90°	150	70	$\phi1.6$、$\phi2$、$\phi3$	按钮	0.2
QQ-85/150-1		85°	150	110	$\phi1.6$、$\phi2$、$\phi3$	按钮	0.15
QQ-85/150		85°	150	110	$\phi1.6$、$\phi2$、$\phi3$	按钮	0.2
QQ-85/200		85°	200	150	$\phi1.6$、$\phi2$、$\phi3$	船形开关	0.26

自动钨极氩弧焊用的是笔直的水冷式焊枪，往往要大电流连续工作，其内部结构和手工 TIG 焊焊枪相同。但是在非常局限的位置上焊接时，可自行设计与制造专用的焊枪。

喷嘴的形状和尺寸对气流的保护性能影响很大，为了取得良好的保护效果，通常使出口处获得较厚的层流层，在喷嘴下部为圆柱形通道，通道越长，保护效果越好，通道直径越大，保护范围越宽，但可达性变差，并且影响视线。通常圆柱通道内径 D_n、长度 l_0 和钨极直径 d_w 之间的关系如式（7-1）所示（单位：mm）。

$$D_n=(2.5 \sim 3.5)d_w$$
$$l_0=(1.4 \sim 1.6)D_n+(7 \sim 9)$$

（7-1）

有时在气流通道中加设多层铜丝网或多孔隔板（称气筛），以限制气体横向运动，有利于形成层流。喷嘴内表面应保持清洁，若喷孔粘有其他物质，将会干扰保护气柱或在气柱中产生紊流，影响保护效果。

使用的喷嘴材料有陶瓷、纯铜和石英等 3 种，高温陶瓷喷嘴既绝缘，又耐热，应用广泛，但焊接电流一般不超过 300A；纯铜喷嘴使用电流可达 500A，需用绝缘套与导电部分隔离；石英喷嘴透明，焊接可见度好，但较贵。

（2）熔化极气体保护焊焊枪

熔化极气体保护焊的焊枪分为半自动焊枪和自动焊枪，前者是手握式，后者是安装在有行走机构的机头上。对焊枪性能有如下要求。

① 必须有一个将焊接电流传递给焊丝的导电嘴，焊丝能均匀、连续地从其内孔通过，导电嘴的导电性能要好，耐磨、熔点高。根据焊丝尺寸和磨损情况可以更换焊丝。

② 必须有一个向焊接区输送保护气体的通道和喷嘴，喷嘴应与导电嘴绝缘，而且根据需要可方便更换。

③ 焊枪必须有冷却措施，可以是气冷或水冷。

④ 焊枪结构应紧凑，便于操作，尤其手握式焊枪，应轻便灵活。

手握式焊枪用于半自动焊，常用的有鹅颈式和手枪式两种，如图 7-7 所示。其中鹅颈式适用于小直径焊丝，轻巧灵便，特别适合结构紧凑难以达到的拐角处和某些受限制区域的焊接，手枪式适用于较大直径的焊丝，它对冷却要求较高。

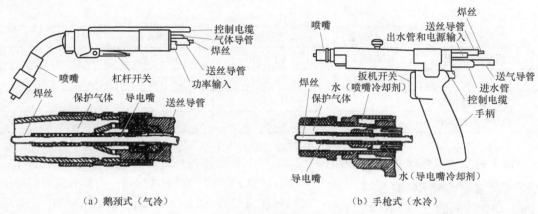

（a）鹅颈式（气冷）　　　　　　　　　（b）手枪式（水冷）

图 7-7　熔化极气体保护半自动焊枪

　　和钨极氩弧焊一样，熔化极气体保护半自动焊枪的冷却方式也有气冷和水冷两种。冷却方式取决于保护气体的种类、焊接电流大小和接头形式。用于自动焊的焊枪多用水冷式，在容量相同的情况下，气冷焊枪比水冷焊枪重。图 7-8 所示为熔化极气体保护焊自动焊枪的结构。

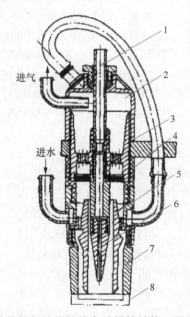

图 7-8　熔化极气体保护焊自动焊枪结构（双层气流保护）

1—铜管　2—镇静室　3—导流管　4—铜筛网　5—分流套　6—导电嘴　7—喷嘴　8—帽盖

表 7-8 所示为国产鹅颈式气冷熔化极气体保护焊焊枪技术数据。

表 7-8　　　　　　　　　　　　鹅颈式气冷熔化极气体保护焊焊枪技术数据

焊枪型号	GA-15C	GA-20C	GA-40C	GA-40GL
负载持续率/%	60	100	60	60
额定电流/A	150	200	400	400

续表

焊丝种类	钢焊丝	钢焊丝	钢焊丝	药芯焊丝
焊丝直径/mm	0.8~1.0	0.8~1.2	1.0~2.0	1.2~2.4
电缆型号	YHQB	YHQB	YHQB	—
电缆长度/m	3	3	3	3
电缆截面积/mm^2	13	35	45	50

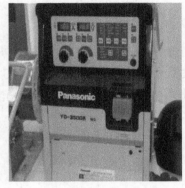

图 7-9　松下 YD-350GR 焊接电源

由于需要使用焊丝及二氧化碳保护气体，并且需要缩短换枪时间，因此选用与 GA-40C 型号类似的松源 350GC 的鹅颈式焊枪，冷却方式为气体冷却，可通焊丝直径为 0.8 ~ 1.2mm，枪角度为 30°，负载持续率为 100%，电流额定值为 350A。

4. 焊接电源

焊接电源是弧焊系统中最重要的设备，因为焊接电源的性能强烈影响焊接质量。一台能够精确控制电压、电流的焊接电源肯定能更好地控制焊接质量。为保证良好的焊接质量，该工作站采用松下全数字 CO_2/MAG 焊接电源，型号为 YD-350GR，如图 7-9 所示。通过全数字控制，从小电流到大电流，都能对电流状态进行极其精细的控制，实现持续稳定的焊接质量。面板布局简洁，符合用户的使用习惯，操作非常方便。松下 YD-350GR 型焊接电源采用全数字控制 IGBT（绝缘栅双极晶体管）方式，额定输出电流为 350A，额定负载持续率为 60%，适合保护气体 CO_2 焊接、MAG 焊接和 MIG 焊接。

二、机器人

弧焊机器人工作站在焊接过程中，焊接的焊缝大多为曲线形式，需要采用连续焊接，并且有的产品对焊接工艺要求比较严格，不能出现焊接缺陷，为了达到这些目的，工具中心点（TCP，也就是焊丝端头的运动路径）、焊枪的姿态、焊接的参数都要求精确控制，因此弧焊机器人要满足定位精度、工作范围、承载能力和最大工作速度的基本要求。为应对复杂形状的焊缝，弧焊机器人一般要选择六轴的机器人。因此从工业机器人的通用技术指标和焊接机器人的专门指标考虑，本工作站机器人选择 ABB IRB1410 机器人，如图 7-10 所示，相关机器人参数见表 7-9。

图 7-10　ABB IRB1410 机器人

表 7-9　　　　　　　　　　　　　　ABB IRB1410 机器人参数

型号规格			
轴数	6	防护等级	IP54
有效载荷	5kg	安装方式	落地式
到达最大距离	1.44m	机器人底座规格	620mm×450mm

性能及运动范围		
重复定位	0.025mm	
轴序号	动作范围	最大速度
一轴	回转：+170°～-170°	120°/s
二轴	立臂：+70°～-70°	120°/s
三轴	横臂：+70°～-70°	120°/s
四轴	腕：+150°～-150°	280°/s
五轴	腕摆：+115°～-115°	280°/s
六轴	腕转：+300°～-300°	280°/s
机器人质量	225kg	

三、变位机

变位机是专用焊接辅助设备，适用于回转工作的焊接变位，以得到理想的加工位置和焊接速度。变位机可与操作机、焊机配套使用，组成自动焊接中心，也可用于手工作业时的工件变位。工作台回转采用变频器无级调速，调速精度高。遥控盒可远程操作工作台，也可与操作机、焊接机控制系统相连，实现联动操作。

变位机可分为侧倾式变位机、头尾回转式变位机、头尾升降回转式变位机、头尾可倾斜式变位机以及双回转变位机等多种形式，通过工作台的升降、回转、翻转，使工件处于最佳焊接或装配位置，可与焊接操作机配套组成自动焊接专机，还可作为机器人周边设备与机器人配套实现焊接自动化，同时可根据用户不同类型的工件及工艺要求，配以各种特殊变位机。

本工作站选用单轴水平焊接变位机，如图 7-11 所示。它主要由整体固定底座、回转主轴箱、水平回转盘、交流伺服电动机、RV 精密减速机、导电机构、防护护罩及电气控制系统等构成。水平回转盘采用优质型材焊接而

图 7-11　单轴水平焊接变位机

成，上表面加工有标准间距的螺纹孔，方便用户安装固定定位工装。选用交流伺服电动机配合 RV 减速机作为动力机构，电气元件均选用国内外知名品牌，可以确保回转的稳定性、定位的精确性、使用的耐久性，以及较低的故障率。

表 7-10 所示为单轴水平焊接变位机的具体技术参数。

表 7-10　　　　　　　　　　　　　单轴水平焊接变位机技术参数

负载能力	200kg
回转半径	400mm
最大回转速度	70°/s
重复定位精度	0.1mm

四、送丝机

送丝机保证在焊接过程中，不断均匀地送入焊丝以补充焊丝的消耗。在送丝过程中，送丝机应保证送丝的稳定均匀，否则容易卡住送丝机造成送丝困难，影响焊接质量。为保证焊接质量，该工作站选择配套焊接电源的高精度数字送丝机，型号为松下 YW-35DG，如图 7-12所示。送丝机采用感应电压反馈控制（IVF）专利技术，在加长电缆条件下大幅提高送丝力，带有编码器的送丝电动机能确保焊丝的精确送给，即使电源电压、送丝阻力等外部因素发生变化，仍能保证送丝稳定，确保焊机在不同环境都能再现相同的焊接条件。利用"二驱二从"实现两点送丝，送丝力强劲，对不锈钢焊丝、药芯焊丝及加长焊枪都能实现稳定送丝。适用焊丝类型包含碳钢实心、药芯和不锈钢实心、药芯，焊丝直径范围为 0.8～1.2mm，质量为 12kg。

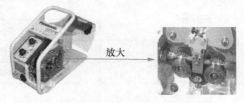

图 7-12　松下 YW-35DG

五、自动清枪站

自动清枪站主要用于清理机器人自动焊接过程中产生的黏堵在焊枪气体保护套内的飞溅物，确保气体长期畅通无阻，有效阻隔空气进入焊接区，保护焊接熔池，提高焊缝质量；清理焊烟产生的积尘；疏通清理连接管上的保护气体出气孔；给保护套喷洒耐高温防堵剂，降低焊渣对枪套的死粘连，增加耐用度；解决人手清理存在的问题，如减轻生产人员的工作量，避免人工清理不准时而影响焊接质量，避免人工清理时反复拆装保护套，使保护套和连接管之间的接驳螺纹磨损，进而避免因螺纹磨损导致气体保护套安装歪斜及气体导偏而造成保护失效，延长使用时间，降低成本。

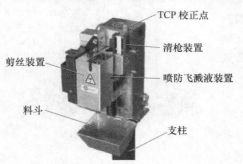

图 7-13　Tbi BRG-2-VD-DAE 自动清枪站

本工作站选用 Tbi BRG-2-VD-DAE 自动清枪站，如图 7-13 所示。该设备包含剪丝装置、清枪装置、喷防飞溅液装置、TCP 校正点等。

① 剪丝。焊枪到达指定位置，机器人给出剪丝信号剪丝。剪丝装置去掉焊丝前端结球，同时保证了焊丝伸长的一致性。

② 清枪。焊枪到达指定位置，机器人给出清枪信号，夹紧机构将喷嘴夹紧，铰刀旋转上移，清除喷嘴和导电嘴上残留的焊渣。

③ 喷防飞溅液。焊枪在独立密闭的空间里，机器人给出喷防飞溅液信号，防飞溅液均匀喷洒在喷嘴、导电嘴表面。

④ TCP 校正点。机器人通过 TCP 校正点进行校正。

表 7-11 所示为 Tbi BRG-2-VD-DAE 自动清枪站的具体技术参数。

表 7-11　　　　　　　　　　Tbi BRG-2-VD-DAE 自动清枪站的技术参数

程序控制	气动
压缩空气气源	无油干燥压缩空气，0.6MPa
气流量	7L/s

续表

电压	U=24V DC，I_{max}=0.15A
剪丝直径	最大直径1.6mm
清枪时间	4～5s
防飞溅液容量	500mL
防飞溅液喷射量	可调节
质量	14kg（不含底座）

六、焊烟净化器

焊烟净化器是将焊接、抛光、切割、打磨等工序中产生烟尘和粉尘的工位以及对稀有金属、贵重物料等进行回收，可净化大量悬浮在空气中对人体有害的细小金属颗粒，减少对工人身体的伤害，具有净化效率高、噪声低、使用灵活、占地面积小等特点。

焊烟净化器适用于电弧焊、二氧化碳保护焊、MAG 焊接、碳弧气刨焊、气溶割、特殊焊接等产生烟气的场所。

焊烟净化器的主要部件：吸尘臂、集尘罩（带风量调节阀）、阻火不锈钢网、阻燃高效滤芯、压差表、过滤室、活性炭过滤器、积灰抽屉、带刹车万向轮、中压风机、电动机以及电控箱等。其工作原理：通过风机引力作用，焊烟废气经集尘罩吸入设备进风口，设备进风口处设有阻火器，火花经阻火器被阻留，烟尘气体进入积灰抽屉，利用重力与上行气流，首先将粗粒尘直接降至灰斗，微粒烟尘被滤芯捕集在外表面，洁净气体经滤芯过滤净化后，由滤芯中心流入过滤室，洁净空气又经活性炭过滤器吸附进一步净化后经出风口排出。本工作站选用上海予康 MX-1508 焊烟净化器，如图 7-14 所示。

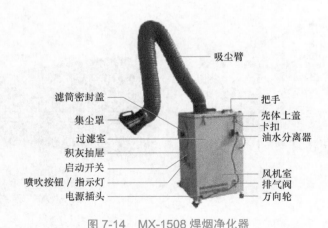

吸尘臂
滤筒密封盖
集尘罩
过滤室
积灰抽屉
启动开关
喷吹按钮／指示灯
电源插头
把手
壳体上盖
卡扣
油水分离器
风机室
排气阀
万向轮

图 7-14　MX-1508 焊烟净化器

表 7-12 所示为 MX-1508 焊烟净化器的具体技术参数。

表 7-12 焊烟净化器技术参数

净化风量	1 500m³/h
过滤面积	不小于26m²
电动机功率	1.1kW
噪声	50dB
尺寸	520mm×520mm×990mm
质量	75kg

七、防护屋

工作站提供防护屋，整体尺寸为 3 034mm×3 080mm×1 920mm，将人员与设备物理隔离，保证安全，如图 7-15 所示。安全围栏由铝型材框架、钢化玻璃和铁丝网构成，并安装关门检测传感器，防止工业机器人运行中人员进入引发危险，提供三色报警灯提示工作站当前状态，并在多个显著位置设置系统急停开关，可在发生危险时及时停止设备运行。

八、PLC

为了实现工业机器人与 PLC 的通信协调工作，本工作站选用德国西门子品牌 SIMATIC S7-200 SMART 系列 PLC，如图 7-16 所示。PLC 采用专用高速处理芯片，基本指令执行时间可达 0.15μs；采用模块化设计，方便二次升级和扩展；内置数字量输入 24 点，数字量输出 16 点，包含 4 路高速计数器，同时集成了 3 路最高可达 100kHz 的高速脉冲输出，支持 PWM/PTO 输出方式以及多种运动模型，可自由设置运动包络；内置以太网口，集成了强大的编程通信功能，方便快捷地实现程序上传下载和与周边设备的通信，简化组网过程；在继承 SIENENS 编程软件强大功能的基础上，融入了更多的人性化设计，如新颖的带状式菜单、全移动式界面窗口、方便的程序注释功能和强大的密码保护等。

图 7-15　防护屋

图 7-16　德国西门子品牌 SIMATIC S7-200 SMART 系列 PLC

【思考与练习】

一、填空题

1. 弧焊的焊接设备一般包括＿＿＿＿＿＿＿＿、＿＿＿＿＿＿＿＿、＿＿＿＿＿＿＿＿、＿＿＿＿＿＿＿＿等。

2．弧焊机器人气体保护焊分为_____和_____。

3．焊枪分为_____和_____。

4．弧焊机器人一般选择_____轴的机器人，且要满足_____、_____、_____和_____的基本要求。

5．自动清枪站设备包含_____、_____、_____、_____等。

二、简答题

1．简述焊接材料的选定顺序。

2．简述选用保护气体的要求。

任务三　电气电路设计

【任务描述】

　　通过搬运工作站设计项目的学习，我了解到在完成系统中的元件选择及设计后，需设计系统的电气电路，即将选择的元件合理地连接起来，为系统供电并分配 PLC 的触点。

微课

电气电路设计

【任务学习】

一、供电电路

　　图 7-17 所示为供电电路，它为整个系统提供电力，由于变位机、机器人控制柜、焊机系统的供电要求都是三相电，而防尘系统的供电只需单相电即可，故选用三相四线制为系统供电。图 7-17 第 1 列表示在干路中有一个电路开关 Q1，Q1 在机箱外部，在每次上电、断电或紧急情况发生时，控制工作站所有电路的通断。第 2 列上部有个接触器触点开关 KM1，它控制所有外围设备的供电，下部为变位机系统提供电力，它由控制开关 Q2 和接触器触点开关 KM2 控制通断。第 3 列为 ABB 控制柜提供电力，它由控制开关 Q3 和接触器触点开关 KM3 控制通断。第 5 列为焊机系统提供电力，它由控制开关 Q4 和接触器触点开关 KM4 控制通断。第 6 列为除尘系统提供电力，它由控制开关 Q5 和接触器触点开关 KM5 控制启停。第 8 列为电压转换电路，它为后续的控制元件和执行元件供电。

彩图

图 7-17

二、控制电路

1. PLC 控制电路

　　图 7-18 所示为 PLC 的控制电路，它为每个触点都分配了控制元件实现相应的功能。对于控制元件与 PLC 的连接，则需要了解相应控制元件的引脚之后才可以进行。

彩图

图 7-18

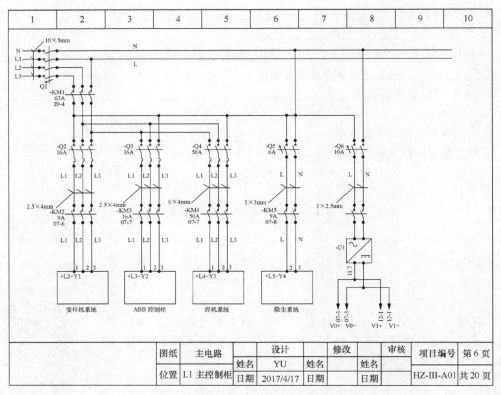

图 7-17　弧焊机器人工作站主电路图

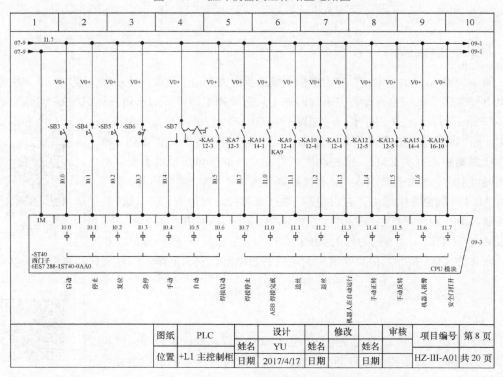

图 7-18　弧焊机器人工作站 PLC 输入接口电路

2. 焊接系统控制电路

图 7-19 所示为焊接系统的控制电路图，其中使用继电器触点常开开关分别控制气体检查、焊接启动和手动送丝，用继电器触点常闭开关分别控制急停和焊接停止，用一个继电器线圈控制起弧，且焊接时的电压和电流给定。

彩图

图 7-19

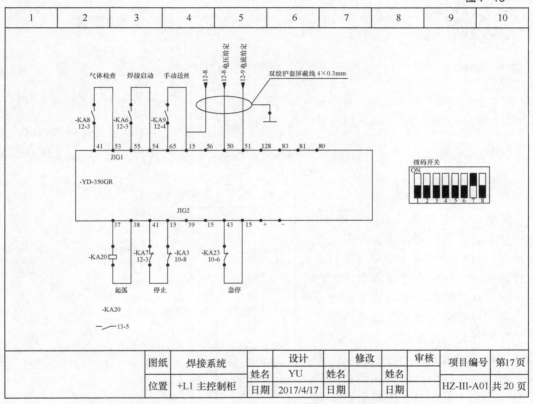

图 7-19　弧焊机器人工作站焊接系统控制电路图

弧焊机器人工作站的电气电路主要由以上 3 个电路（1 个主电路，2 个控制电路）组成。其他控制电路的接线方法与之相类似，详情请参考附录。

【思考与练习】

简述电气电路的设计过程。

任务四　工作站程序设计

【任务描述】

接下来我该设计工作站中的程序了，如图 7-20 所示，使工作站按照一定的工序完成焊接工作。

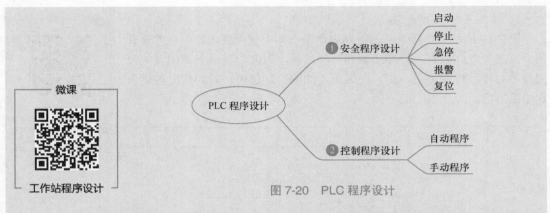

图 7-20　PLC 程序设计

本台工作站的程序同样需要安全程序，此外还需要手动 / 自动的控制程序，以及控制机器人焊接的焊接程序（提供源文件：HZ-Ⅱ-A01-PLC）。

【任务学习】

一、安全程序

安全程序主要包括启动、停止、急停和复位。启动和停止程序应用在自动运行过程中，启动程序实现自动运行的开启，停止程序实现自动运行的正常停止。急停和复位对手动程序和自动程序都会起作用。急停的作用是实现工作台在运行过程中遇到报警或者紧急情况时，立即停止。当急停发生时，自动、手动以及其他功能都不会起作用，直到复位将其解除。安全程序如图 7-21 所示。

二、控制程序

1. 手动模式

手动模式采用 L3-DSQC651 模块进行控制。该模块主要实现焊接启动、焊接停止、气体检查、手动送丝及退丝等相关控制动作，其编程方式如图 7-22 所示。

2. 自动模式

自动模式也是采用 L3-DSQC651 模块进行控制，让电动机做连续运动。驱动该模块时需要连续供电，其编程

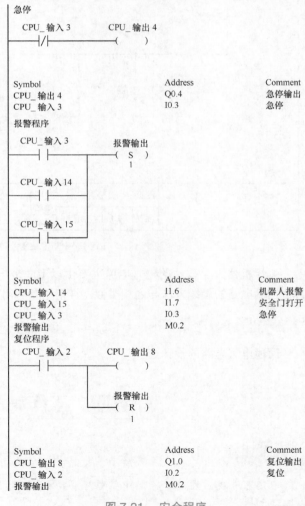

图 7-21　安全程序

方式如图 7-23 所示。

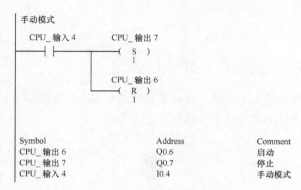

图 7-22   手动模式程序

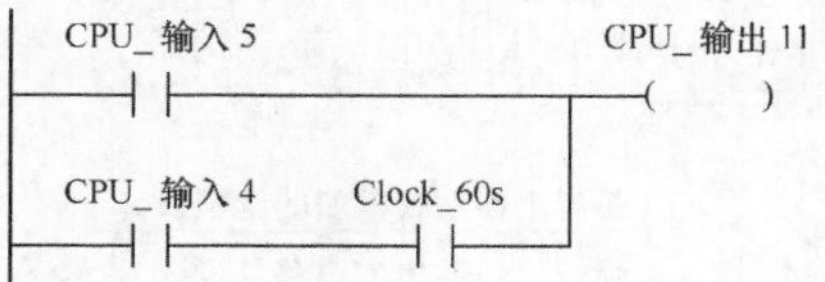

Symbol	Address	Comment
CPU_输出 6	Q0.6	启动
CPU_输出 7	Q0.7	停止
CPU_输入 4	I0.4	手动模式

Symbol	Address	Comment
Clock_60s	SM0.4	针对 1min 的周期时间, 时钟脉冲接通 30s, 断开 30s
CPU_输出 11	Q1.3	绿
CPU_输入 4	I0.4	手动模式
CPU_输入 5	I0.5	自动模式

图 7-23   自动模式程序

三、焊接程序

焊接过程包含焊接启动和焊接停止，焊接启动是机器人给 PLC 发出控制信号，PLC 控制焊机系统等相关设备开始焊接。焊接停止是焊机完成焊接后，机器人给 PLC 一个控制信号，PLC 控制焊机系统等设备停止焊接。其编程方式如图 7-24 所示。

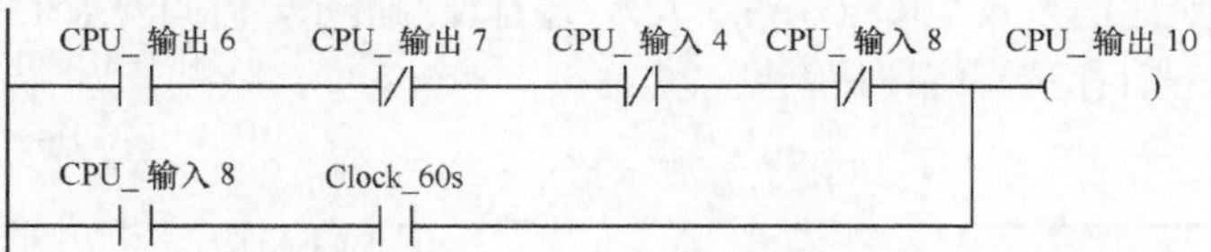

Symbol	Address	Comment
Clock_60s	SM0.4	针对 1min 的周期时间, 时钟脉冲接通 30s, 断开 30s
CPU_输出 10	Q1.2	橙
CPU_输出 6	Q0.6	启动
CPU_输出 7	Q0.7	停止
CPU_输入 4	I0.4	手动模式
CPU_输入 8	I1.0	ABB 焊接完成

图 7-24   焊接程序

【思考与练习】

1. 工作站控制程序中的手动模式采用 L3-DSQC651 模块进行控制。该模块主要用来实现_____、_____、_____、 _____及_____等相关控制动作。

2. 自动模式也是采用 L3-DSQC651 模块进行控制，让电动机做连续运动。驱动该模块需采用_____供电方式。

项目总结

本项目是设计弧焊机器人工作站，通过该项目的学习，读者巩固了系统集成设计的知识，能将所学用于实际。项目七的技能图谱如图 7-25 所示。

图 7-25　项目七技能图谱

拓展训练

项目名称：系统集成设计。

设计要求：在工厂生产的流水线中，存在多种机器人系统集成工作站，用于搬运、码垛、焊接、喷涂等，试选用一种工作站，对其进行设计。

格式要求：以 PPT 形式展示。

考核方式：采用分组选题的方式（每组 3 ～ 5 人），进行课内展示，时间要求 15 ～ 20min。

评估标准：系统集成设计拓展训练评估表见表 7-13。

表 7-13　　　　　　　　　　　　　　拓展训练评估表

项目名称：系统集成设计	项目承接人：	日期：
项目要求	**评分标准**	**得分情况**
总体要求（100分） ① 简述选用的工作站的工作流程 ② 详细介绍该工作站中各模块的设计方法 ③ 简单讲解工作站的电气电路的设计过程 ④ 编写工作站一个生产节拍的PLC程序， 　　在PPT中展示各动作的主要程序部分， 　　并做具体说明		
评价人	**评价说明**	**备注**
教师：		

附录
电气原理图

1. 搬运工作站电气原理图

（1）主电路接线图

主电路接线图如附图 1-1 所示。

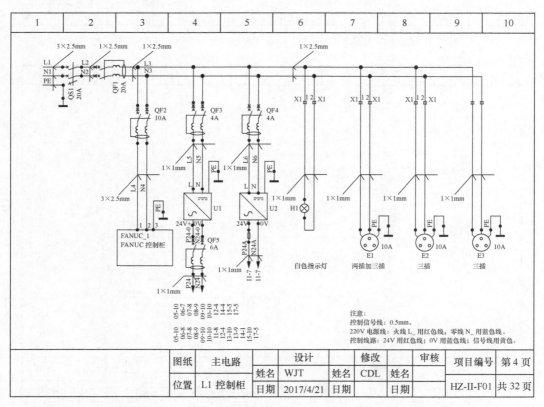

附图 1-1　主电路接线图（扫描 208 页二维码看彩图）

（2）PLC 输入接线图

PLC 输入接线图如附图 1-2 和附图 1-3 所示。

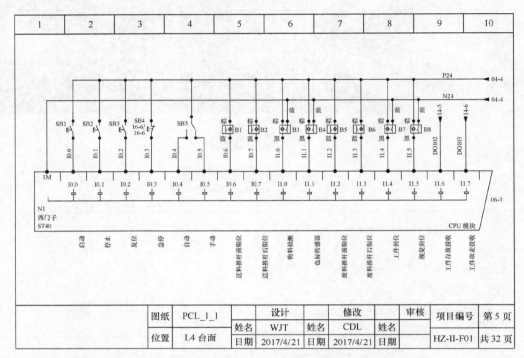

附图 1-2　PLC 输入接线图（1）（扫描 208 页二维码看彩图）

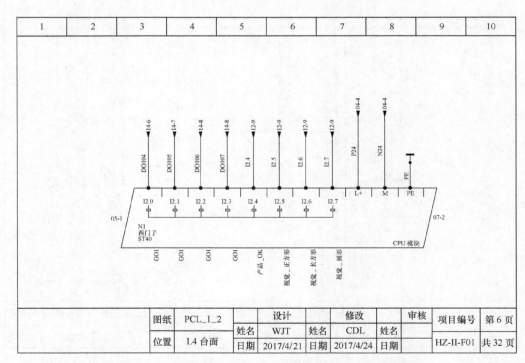

附图 1-3　PLC 输入接线图（2）（扫描 208 页二维码看彩图）

（3）PLC 输出接线图

PLC 输出接线图如附图 1-4 和附图 1-5 所示。

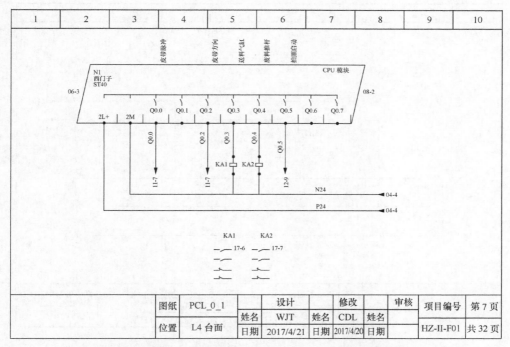

附图 1-4　PLC 输出接线图（1）（扫描 208 页二维码看彩图）

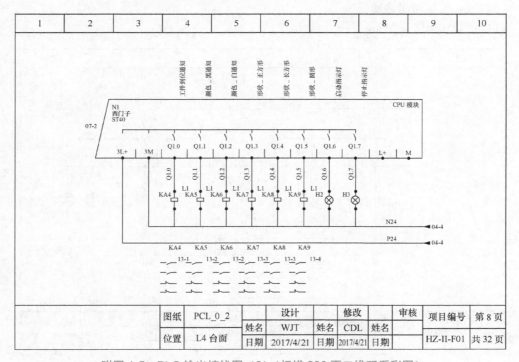

附图 1-5　PLC 输出接线图（2）（扫描 208 页二维码看彩图）

（4）PLC 扩展输入接线图

PLC 扩展输入接线图如附图 1-6 所示。

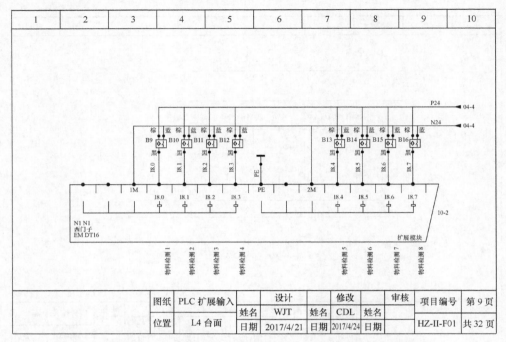

附图 1-6　PLC 扩展输入接线图（扫描 208 页二维码看彩图）

（5）PLC 扩展输出接线图

PLC 扩展输出接线图如附图 1-7 所示。

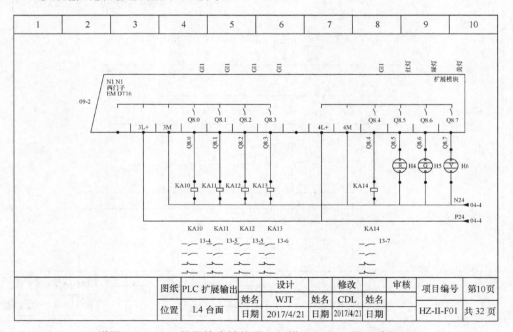

附图 1-7　PLC 扩展输出接线图（扫描 208 页二维码看彩图）

（6）步进电动机接线图

步进电动机接线图如附图 1-8 所示。

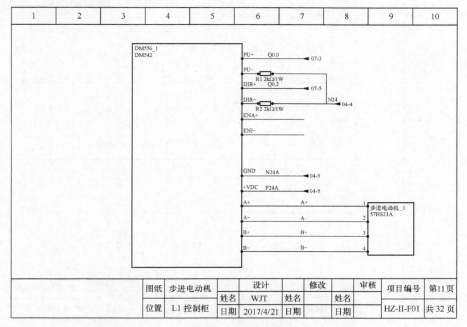

附图 1-8　步进电机接线图（扫描 208 页二维码看彩图）

（7）视觉模块接线图

视觉模块接线图如附图 1-9 所示。

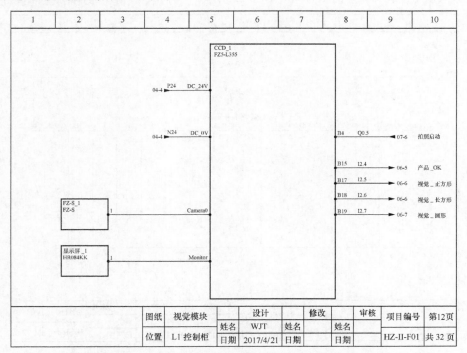

附图 1-9　视觉模块接线图（扫描 208 页二维码看彩图）

（8）机器人输入接线图

机器人输入接线图如附图 1-10 所示。

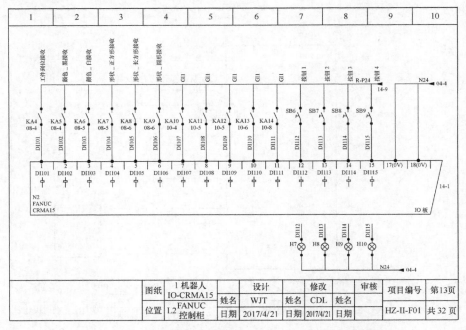

附图 1-10　机器人输入接线图（扫描 208 页二维码看彩图）

（9）机器人输出接线图

机器人输出接线图如附图 1-11 和附图 1-12 所示。

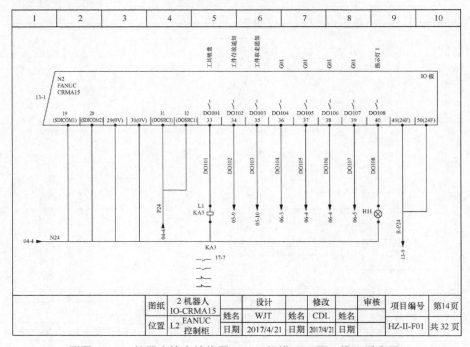

附图 1-11　机器人输出接线图（1）（扫描 208 页二维码看彩图）

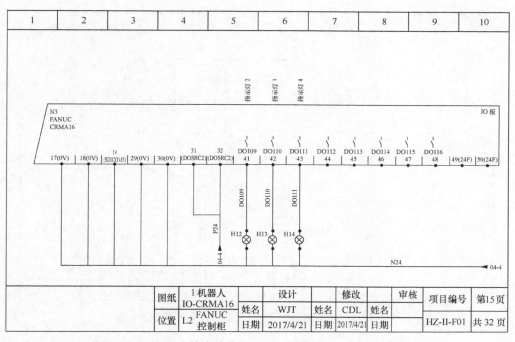

附图 1-12　机器人输出接线图（2）（扫描 208 页二维码看彩图）

（10）机器人急停接线图

机器人急停接线图如附图 1-13 所示。

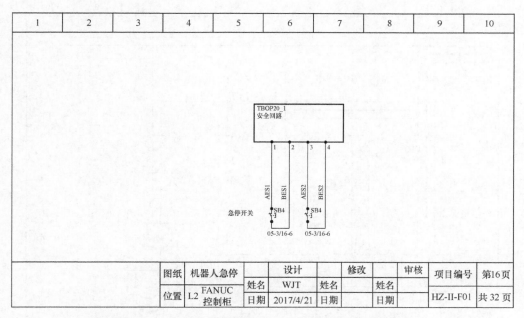

附图 1-13　机器人急停接线图（扫描 208 页二维码看彩图）

（11）电磁阀接线图

电磁阀接线图如附图 1-14 所示。

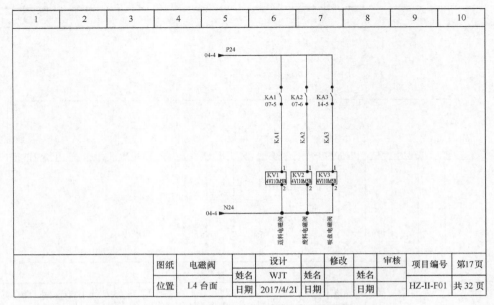

附图 1-14　电磁阀接线图（扫描 208 页二维码看彩图）

2. 弧焊工作站电气原理图

（1）主电路接线图

主电路接线图如附图 1-15 所示。

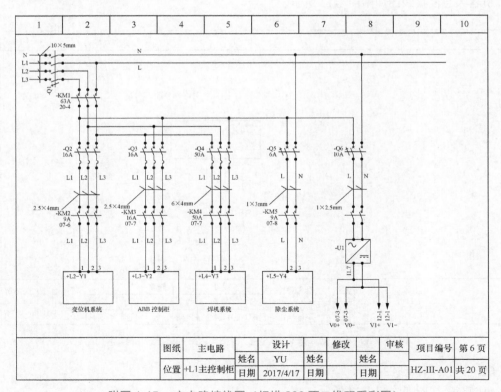

附图 1-15　主电路接线图（扫描 208 页二维码看彩图）

（2）控制电路接线图

控制电路接线图如附图 1-16 和附图 1-17 所示。

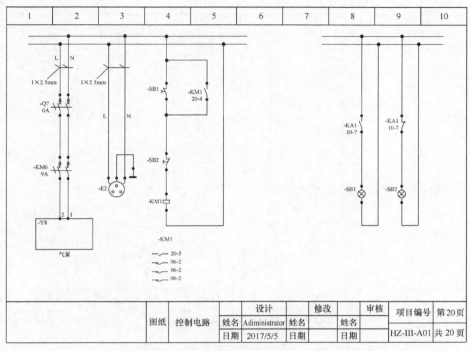

附图 1-16　控制电路接线图（1）（扫描 208 页二维码看彩图）

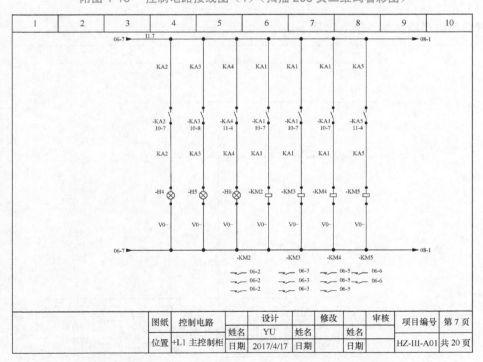

附图 1-17　控制电路接线图（2）（扫描 208 页二维码看彩图）

（3）PLC 输入接线图

PLC 输入接线图如附图 1-18 所示。

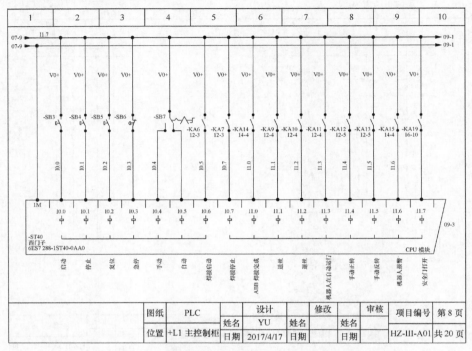

附图 1-18　PLC 输入接线图（扫描 208 页二维码看彩图）

（4）PLC 输出接线图

PLC 输出接线图如附图 1-19 所示。

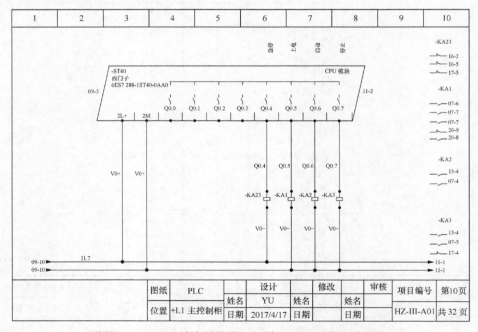

附图 1-19　PLC 输出接线图（扫描 208 页二维码看彩图）

（5）PLC 扩展输入接线图

PLC 扩展输入接线图如附图 1-20 所示。

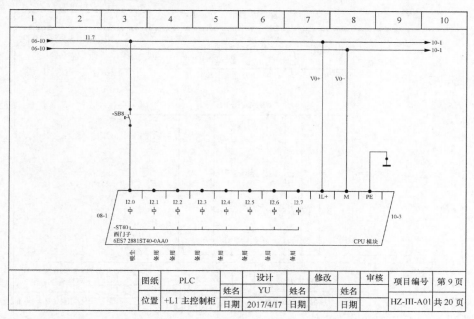

附图 1-20　PLC 扩展输入接线图（扫描 208 页二维码看彩图）

（6）PLC 扩展输出接线图

PLC 扩展输出接线图如附图 1-21 所示。

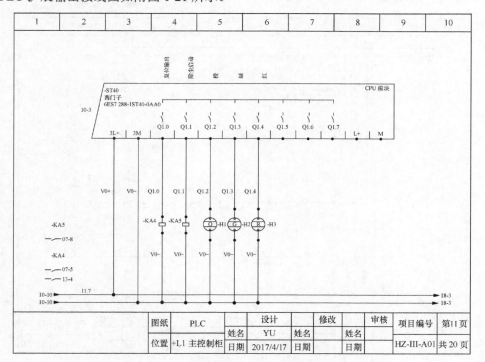

附图 1-21　PLC 扩展输出接线图（扫描 208 页二维码看彩图）

（7）机器人控制输入接线图

机器人控制输入接线图附图 1-22 所示。

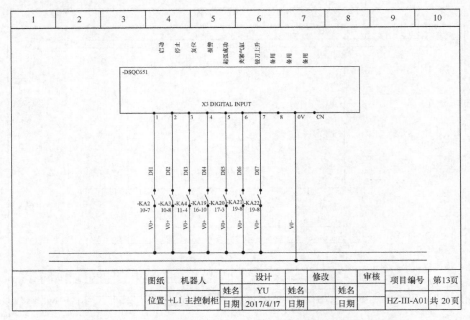

附图 1-22　机器人控制输入接线图（扫描 208 页二维码看彩图）

（8）机器人控制输出接线图

机器人控制输出接线图如附图 1-23 和附图 1-24 所示。

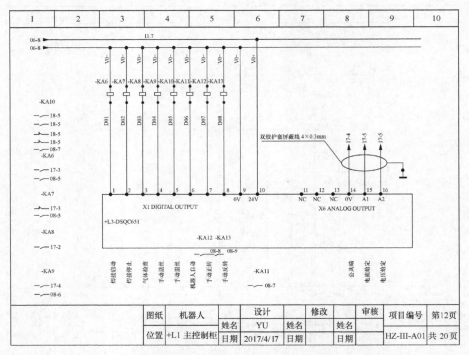

附图 1-23　机器人控制输出接线图（1）（扫描 208 页二维码看彩图）

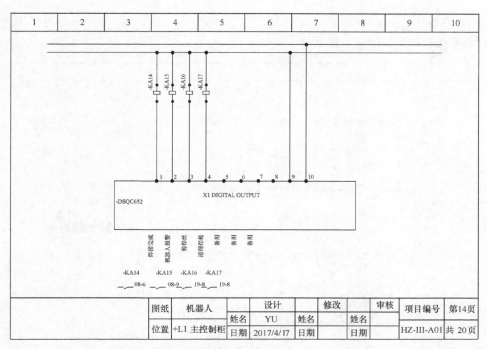

附图 1-24　机器人控制输出接线图（2）（扫描 208 页二维码看彩图）

（9）机器人安全接线图

机器人安全接线图如附图 1-25 所示。

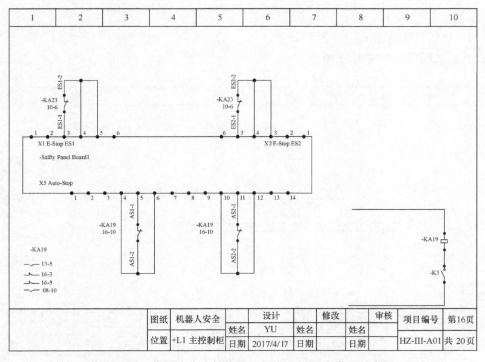

附图 1-25　机器人安全接线图（扫描 208 页二维码看彩图）

（10）焊接系统接线图

焊接系统接线图如附图 1-26 所示。

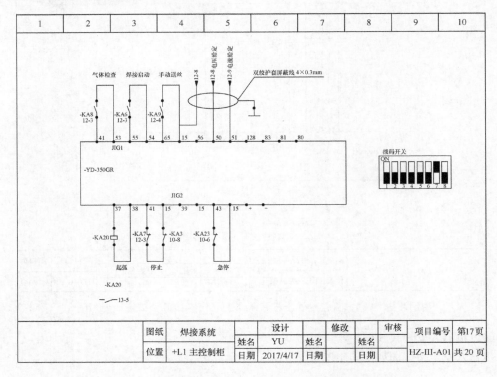

附图 1-26　焊接系统接线图（扫描 208 页二维码看彩图）

（11）送丝机接线图

送丝机接线图如附图 1-27 所示。

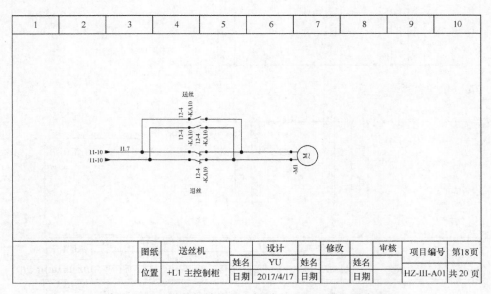

附图 1-27　送丝机接线图（扫描 208 页二维码看彩图）

（12）清枪站接线图

清枪站接线图如附图 1-28 所示。

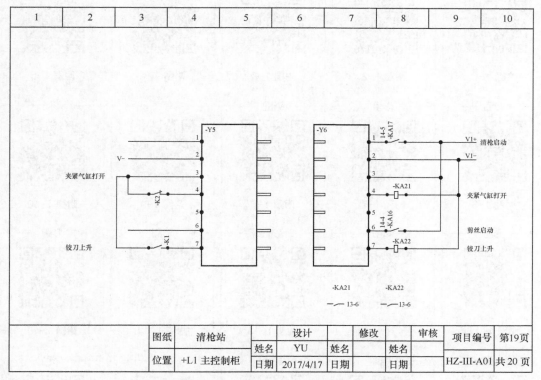

	图纸	清枪站		设计		修改		审核		项目编号	第19页
			姓名	YU	姓名		姓名				
	位置	+L1 主控制柜	日期	2017/4/17	日期		日期		HZ-III-A01	共 20 页

附图 1-28　清枪站接线图（扫描 208 页二维码看彩图）

附图 1-1　　附图 1-2　　附图 1-3　　附图 1-4　　附图 1-5

附图 1-6　　附图 1-7　　附图 1-8　　附图 1-9　　附图 1-10

附图 1-11　　附图 1-12　　附图 1-13　　附图 1-14　　附图 1-15

附图 1-16　　附图 1-17　　附图 1-18　　附图 1-19　　附图 1-20

附图 1-21　　附图 1-22　　附图 1-23　　附图 1-24　　附图 1-25

附图 1-26　　附图 1-27　　附图 1-28

参考文献

[1] 吴旭朝，许婉英，等.工业机械手设计基础 [M].天津：天津科学技术出版社，1979.

[2] 秦大同，谢里阳.现代机械设计手册（气压传动与控制设计）[M].北京：化学工业出版社，2013.

[3] 廖常初.PLC 编程及应用 [M].北京：机械工业出版社，2014.

[4] 阳宪惠.现场总线技术及其应用 [M].北京：清华大学出版社，2008.

[5] 赵飞.基于 STM32 的 CANopen 运动控制主从站开发 [D].武汉：华中科技大学，2011.

[6] 张贺.基于 CAN 总线和 CANopen 协议的运动控制系统设计 [D].沈阳：东北大学，2006.

[7] 颜嘉男.伺服电机应用技术 [M].北京：科学出版社，2010.

[8] 郑睿，邰新凯，杨国胜.机器视觉系统原理及应用 [M].北京：中国水利水电出版社，2014.

[9] 李亚江，陈茂爱，孙俊生.实用焊接技术手册 [M].石家庄：河北科学技术出版社，2002.

[10] 吴树雄.焊丝选用指南 [M].北京：化学工业出版社，2011.

[11] 陈祝年.焊接工程师手册 [M].北京：机械工业出版社，2002.

[12] 张远圻，张兴国.机器人末端执行器的系统研究 [J].机械制造，1997(9):9-11.

[13] 全思博，林子其.基于机器视觉的果料异物自动检测系统光源设计 [J].粮油加工，2008(8):120-123.

[14] 陈盛.工业机器人实训中心系统集成技术的应用研究 [D].成都：电子科技大学，2016.